献给刘匀

感念梁思成先生润物细无声的教诲

淡淡飛花輕似夢
蒙蒙絲雨滙入流

建筑思语

肖世荣 著

中国文联出版社

图书在版编目（CIP）数据

建筑思语 / 肖世荣著. -- 北京 : 中国文联出版社, 2024. 11. -- ISBN 978-7-5190-5664-3

Ⅰ. TU-8

中国国家版本馆 CIP 数据核字第 2024ZK6337 号

著　　者　肖世荣
责任编辑　王　萌
责任校对　秀点校对
装帧设计　吕丽梅

出版发行　中国文联出版社有限公司
社　　址　北京市朝阳区农展馆南里10号　　邮编　100125
电　　话　010-85923025（发行部）010-85923092（总编室）
经　　销　全国新华书店等
印　　刷　廊坊佰利得印刷有限公司

开　　本　710毫米×1000毫米　1/16
印　　张　14
字　　数　145千字
版　　次　2024年11月第1版第1次印刷
定　　价　88.00元

代序

万国衣冠拜冕旒——怀念梁思成先生

建八班好像是独生子女，备受钟爱而又羸弱，碰上了机遇而又终于难免“文化大革命”的浩劫。如此梦境与现实，真叫人说也说不清楚。然则梦也罢，实也罢，在我们心中情牵意惹总难释怀的是清华情结。一转眼三十年过去了，今年校庆时节，昔日同窗学友从四面八方，甚至漂洋过海回到清华园，向母校倾诉我们的依稀别梦，追忆似水年华。

我们1962年入学。三年困难时期还没有完全过去，国力、民力尚在恢复。当时环境比较宽松，教学秩序比较正常。这一届建筑学专业只有一个小班，因此说她像独生子女。梁思成先生曾经开玩笑地说，我每年都要嫁一批女儿出去，又要接一批女儿进来。我们前面的建七是两个小班，建六和建五都是三个小班。我们人少，班小，成分又不好，体质也差。终其在清华的六年，班里没有在校运动队里出过一位佼佼者。但是我们受到的待遇却是非常好，学生少了，相对而言老师就多了，因此可以说是备受钟爱。

当时许多教材是手抄刻版印刷的，大概是学生少的缘故。这些教材的排版“眉清目秀”，每个字一笔一画透出刻写者认真负责的敬业精神。这些教材中几乎找不到一个错别字或符号，找不出一处涂抹更改的地方。与今天一些激光照排、电脑编辑的出版物比起来，虽不如后者之华美，但绝对没有那些“鲁鱼亥豕”，错讹脱漏。清华首先教给我们的就是严谨。我至今仍然保存几本这类教材：《建筑概论》《建筑热工》《砖石结构》。书页早已发黄，掉角，弱不禁翻。每每一看到它，就想起当年岁月。

我们是幸运的。不光是赶上了风浪的间隙，有好的教材，还有好的先生。大一的《建筑概论》是发蒙课，讲授什么是建筑及其要素，梁思成先生亲自给我们上课。教室在旧水利馆三楼。我记得最清楚的一课是梁先生讲解什么是尺度。他先在黑板上画一幢房子的立面：一个门，两扇窗。然后问大家："你们说这座房子是大还是小？"我们不知道如何回答。他又在房子边上画了一条差不多跟房子一样高的狗。大家说房子小。他把狗擦掉，又画了一个人在边上。大家又觉得房子大了。梁先生说：大也在尺度，小也在尺度。人是衡量建筑物最重要的尺度。与人有关的门、窗、栏杆、女儿墙也是非常重要的尺度元素。尺度搞错了，大的建筑会显得小，小的建筑会显得大，这叫作尺度失真。而尺度感好的建造师又可以运用尺度去驾驭设计，取得特殊效果，这是真本事。他还给我们举了很多实例来说明哪些建筑尺度处理得好，哪些处理得不好，要我们多看，多体会，而且记住。梁先生给我们讲建筑比例时多次提到雅典卫城的帕提侬神庙，讲尺度和比例的关系时提到雅典卫城的伊瑞克先神庙。他要求我们把五种罗马柱式的比例关系背下来，并且尽可能做到按比例徒手默画出来。他常说，许多老先生都有这个本事。杨廷宝先生随身带着卷尺，椅子坐着舒服，就量下尺寸记下来；房间看着比例合适，也量尺寸记下来。日积月累就有真功夫。梁先生这些教诲，给我们大一新生对于什么是建筑设计留下了深刻的印象。而且谁以后这样下的功夫深，谁受益就最大。当时全国都在大练基本功。体育界提倡"三从一大"：从难，从严，从实战，没有听说过什么"兴奋剂"。"东洋魔女"日本贝冢女排的大松博文教练应周恩来总理邀请来华训练中国女排，恰如一石激起千层浪。日后中国女排的崛起，大概与之不无关系。部队在搞大比武，企业在搞大练兵。学校对我们学生强调的是基本功和基础课，学生中绝少什么考试作弊。

三年级的《中国建筑史》又是梁先生给我们上，教室也在旧水利馆三楼。梁先生跟两年前一样，依然精神矍铄，只是略显苍老。莫宗江先生、郭黛姮先生陪着他一起来给我们上课。也许是我们年级高一些了，梁先生讲起课来旁征博引，酣畅淋漓。最令我难忘的一课是他讲唐长安城规划、建筑。梁先生说，从长安城的规模就可以看出唐王朝国力之强盛，称雄世界的历史风貌。他说长安是当时的一座国际性大都会。有诗为证，“万国衣冠拜冕旒”。见学生们对此不甚了了，便在黑板上把这句诗写了下来。梁先生身材不高，又是竖着写，为了将一排写下来，他尽量朝上够。一笔一画，一顿一挫，非常认真地写好之后，退几步端详一番，不甚满意地说：“我的字练杂了。”其实，在我们看来，梁先生那苍劲有力，略带魏碑味道的板书，已令学生们艳羡不已了。他接着解释：“万国衣冠”指的是身着不同服装的外国使节，“拜”就是朝拜，“冕旒”指皇帝。“冕”是皇帝戴的礼帽，“旒”是冕前后挂的玉串。这句诗描写的是唐朝皇帝在长安大明宫早朝时，接受文武百官和外国使节朝拜的盛况。梁先生说当时还有专门负责诸侯和四方郡国使节来朝礼宾事宜的部门“鸿胪寺”，相当于今天外交部礼宾司。梁先生在20世纪30年代发现了我国现存最早的唐代木构建筑之一——五台山佛光寺大殿。他描述佛光寺大殿只用“斗拱雄大，出檐深远”八个字，就把大殿的特点概括出来了。建筑学专业的学生凡是访问过佛光寺大殿的，无不叹服梁先生这八个字确是的评，最为定论。梁先生有深厚的家学渊源，美国留学，欧洲游冶，加上自己刻苦努力，学问博大精深。他给我们授课，再大的题目，治大国如烹小鲜，提要钩玄，从容道来，深入浅出，学生们如醍醐灌顶，大彻大悟，如入化境。1986年秋，我有幸参加日本奈良中国文化村的规划设计，出任中方建筑负责人之一。文化村的主题建筑参照唐长安大明宫含元殿。我记起了“万国衣冠拜冕旒”，查到它出自王维《和贾舍人早朝大明宫之作》一诗，进而查到贾岛原诗，和岑参、杜甫的和诗。对揣摩、体味大明宫含元殿的氛围和气势得到不少启发，也深深感受到梁先生教育启迪之恩。

遗憾的是，我们在清华正规的学习生活只有三年。1965年秋去延庆参加“四清”，1966年来了“文化大革命”。穿插武斗和其他种种闹剧，其后断断续续的“复课闹革命”聊胜于无。不仅梁先生的《中国建筑史》是他给建八班上的“最后一课”，而且我们此后也失去了继续师从博学如梁先生的其他老教授的机会，带着永远无法再圆的“一帘幽梦”，恋恋不舍地丢下未竟之学业，“毕业”而去了。我们这一班真是幸运而又羸弱，缅怀先师，不胜惆怅，殊深惶恐。

清华恢复了文学院、理学院、经济学院，这是多么令人高兴的事啊！我们仿佛又看到了王国维、陈寅恪、朱自清，想起了吴晗、梁思成……清华不就是靠通学大儒、大学者支撑起来的吗！再过三十年，清华大学也应该是“万国衣冠拜冕旒”的景象吧。来自全国各地、世界各地的优秀学子，聚会在神圣的学术殿堂！“老夫聊发少年狂”，就把这殷殷的期望寄予母校和未来的校友吧。

以上是我发表在1998年《清华校友通讯》复37期上的短文。2018年是我们建八班毕业50周年庆。抚今追昔，就以这本小书向梁先生做汇报。1968年毕业后，分配到第二汽车制造厂，先后做汽车造型设计和建筑设计。1978年再回清华建筑系读研究生，师从吴焕加先生、汪坦先生研究现代建筑史和理论。1981年毕业，获工学硕士。此后在中国房地产开发集团工作期间，随吴焕加先生担任《中国大百科全书建筑卷》特约编辑，初审西方现代建筑史条目。阅读诸多名家、大师原稿，感触多多，知其何为大师之谓也，三生有幸。任中房旗下华艺设计公司深圳公司经理。两年后回京创办中房设计所。1989年被派驻美国洛杉矶创办东星公司（Far Star Inc.）从事房地产开发。1991年年底回国，仍在中房设计所工作。1995年调任中建科产业有限公司副总经理，分管房地产业务和众拓设计公司。其间，配合美国亚马萨基设计公司总裁William Ku先生完成大连希望大厦、中国人民银行大连培训中心、北京“南洋大厦”（现在的“微软大厦”）设计。2000年到上海现代建筑设计集团，2003年任副总建筑师。其间，与美国建筑师John Jerde合作完成了上海百联西郊购物中心、2006—2007年设计中国驻利比里亚共和国大使馆、驻多哥共和国大使馆。2007年迄今在五合国际设计公司任总建筑师。2008年设计常州恐龙谷温泉酒店。2013年以来完成东方盐湖城设计、齐云山祥源小镇设计、丹霞山祥源小镇方案等旅游综合体项目。

这本小书记录设计经历的心路历程，取名《建筑思语》，感念梁思成先生润物细无声的教诲。几篇随笔原算不得文章，想到哪里写到哪里，无非从事设计的经历、甘苦、趣闻。研究生课题是“西方建筑史及理论兼论建筑与结构的关系”，久而久之习惯于连带探讨设计方法及理论与流派的演变、差异。《康德与美学》一篇探讨建筑美学，反复修改，略具雏形，费时三年又半，导致小书结稿拖了四年。有些心得体会，用于实践也有些收获。在美国搞房地产，读到、听到一些匪夷所思的逸闻趣事，顺带涉及,聊博一笑。关于美国高层建筑的几篇谈及结构形式的发展对建筑风格的影响，与研究建筑和结构的研究课题有关。

在洛杉矶期间，我有幸结识王昌宁先生，获益良多。回国后又得到吴观张先生鼓励、帮助。两位朋友再三敦促我转回设计行业。曾宪斌先生十余年来坚持要我写点东西，他的助手何青青女士百忙之中为我打字成文，谨致谢忱。夫人刘匀，鞭策督促，阅校初稿，订正错讹，我才有信心完成。

感谢中国文联出版社邓友女副总编辑和责任编辑王萌大力支持，了我一桩夙愿！感谢五合国际设计工程公司领导和同人为本书出版提供大力支持，金童负责出版事宜和阅稿，满莎参与图文编辑。

肖世荣

2017年7月29日于北京

目录

手记一

强词陈理　自圆其说

想不到的事情做不到；想不好的事情做不好。想得好是什么？我给自己定个框框：强词陈理，自圆其说。

世间说事陈理，辩论争执，往往都是各说各话，互不交集。这种对话当然不会有什么结果。更糟糕的是，说者自己想不清楚，更无条理、层次，东扯西拉，支离漫漶，前后不能连贯，到头来不知所云。言者、闻者都一头雾水，以其昏昏，使人愣愣，如此对话不晕才怪。更有甚者，各执一词、相争不下、劳神费力、徒费时日。此等情状绝非夸大其词。其实大多数人往往在混沌之中，循着自己的习惯而言行，本能反应，未及深思。即使沉默寡言，貌似深邃者，未必真有雄才大略，精虑妙策，不过性格使然，假象而已。至于场合之中不得不说话，则往往例作大言，搜索枯肠，作惊人语，必欲石破天惊，醍醐灌顶，大开听众脑洞，每每以词害意，适得其反。由此看来，无论说话做事，第一是理顺思路，理顺思路则必须先明白认知层次。

人有四识：常识、知识、见识、胆识。通常言谈举止，往往常识殿后，芸芸众生多如此也。常识却不一定可靠。道听途说、逸闻趣事自不待言。课堂上学的东西、看过的文章，若非真正读懂弄通，化为己有，待到用时方恨少。这个少不一定是读得少，而是懂得少，“学而不思则罔”之谓也。常识而知其所以然，系统化，条理化，融会贯通，就成为知识。教员课蒙童者类之，填鸭式教学皆类之。知识之知识，即将知识分析之，提炼之，升华之，从中发掘人所未见，能言人所未言，则见识也！至于风起于青萍之末即敏锐察觉，势未成定局之际能作出决断，认清利弊，判定风险，敢于担当者，有胆识也！无见识、胆识者焉能为此！胆识即见识加胆略也。成大事业、大学问者，必具过人之胆识。所谓谋定而后动并非万事俱备，一切看清，而后作为。天下也没有那种让人一清二楚再稳稳当当去做，保你成功的事等你去享受！任何事情都带有几分不确定性，甚至几分风险，驾驭之道，唯知识见识加胆识也。

那些自己都说服不了自己，自以为昭昭却使人昏昏者，连常识都不具备，何谈论辩，何以服人。抱残守缺、自以为是、万物皆备于我者，与人交流是单向阀，只说他的，不顾人言，其实与前者无异。

故唯与有见识者方可交流论辩，砥砺切磋，广见识，长学问，如坐光风霁月中，其乐无穷！唯与有见识、有胆识者方可谋大事大业。经大起大落，历大悲大喜，共大富大贵！有鉴于此，与人交岂可不慎查其识见也。

唯理必非绝对，皆相对也。此时、此地、此境有理在焉。论说亦须在此语境中为之，由常识、知识升华为见识，以此求学问、论事理（不说求真理），言之有理，持之有故，强词陈理，自圆其说。闻过则喜，从善如流，此为人为事之道也。

2016年6月13日于上海

辩知识就是力量

1991年7月，美国著名的建筑杂志《建筑实录》推出了一期世纪特刊，纪念该杂志创刊100周年，抚今追昔，展望未来。编辑部邀请学者、名宿、名建筑师，畅论百年大事，评选百年建筑，讨论重要议题。特刊专题足足60页，洋洋洒洒、内容多多，我对建筑教育专题颇感兴趣。高议宏论不暇尽录，择惊人之语译如下：

我不认为建筑学的教师自己受的教育是以之教学生学建筑设计。——亚历克斯·克里格（Alex Krieger，哈佛大学设计学院研究生院都市设计专题主管）

不管我们教师教得怎么样，学生都只能通过自己获得好的教育。——罗伯特·伯克利（密歇根大学建筑与城市规划系系主任）

我们推崇明星。我们的体系就为了产生明星。某人想成为一个建筑师时，心中想的绝不是成为当今最伟大的，设计房子，盖房子的合伙人公司的建筑师，而是成为明星建筑师。——苏珊·马克斯曼（建筑师，AIA1992年候任主席）

设立建筑学院的核心目标是要努力把学生教育成超级明星。可是它自己根本传授不了必要的内容。——杰奎林·罗伯森（建筑师，弗吉尼亚大学建筑系前系主任）

一个心智健全的、完全美国化的美国人会毫不犹豫地对建筑物形成自己的美学判断，而且认为建筑作品是一个无师自通的天才的神来之笔者，恰恰充分说明他自己对于美的创造无能为力。——约瑟夫·休德努（《建筑实录》1931年5月号一篇文章的作者）

引用上述译文无意借此评价建筑教育。这是一个众说纷纭、莫衷一是的话题。但是从中可以看出两点：1.建筑师有两类：设计房子的建筑师和进行建筑创作的明星建筑师。2.设计房子的建筑师可以教而育成，明星建筑师则不是教育出来的。前者通过学习、实践、积累经验、掌握系统知识和职业素养可以成为称职而优秀的建筑师，而后者则必须要有见识、胆识，有艺术修养、文学造诣。

梁思成先生给建筑系新生上课，讲授《建筑初步》。讲到尺度概念时，在黑板上画一房子，问道："你们说这房子是大还是小？"学生回答不出。先生在房子旁边画了一条差不多跟房子一般高的狗，再问："房子大还是小？"学生众口一词："小！"先生把狗擦掉，再画一个与房子一般高的人，问："大还是小？"学生回答："大。"先生乃曰："大是尺度，小也是尺度。建筑以人为尺度，更是以与人有关的门、窗、栏杆等构件为尺度。大而言之，以标志性建筑为广场的尺度，以广场为街区的尺度，你们要深入体会。尺度和比例的掌握和运用是一个建筑师的重要能力。"先生进而言道："建筑师有三样基本功：一手好徒手画；一脑袋基本数据；一口好英语。英语不难，背一百遍短文即可。数据之重要在于记录现存的尺度关系，供比较参考。杨廷宝先生总是随身带着卷尺。椅子坐着舒服，量一下尺寸记下来，桌子高矮合适，也量好尺寸记下。日积月累，数据多了，做设计非常方便。徒手画记录形象，构思造型，推敲比例、尺度，是建筑师看家本事，一定要时时练习，精益求精。”1962年进清华即受先生教诲，时习之、笃思之，渐悟之，不计成败利钝，一以贯之，终身受益。

引用这些美国建筑师权威的话，其意似乎认为建筑设计不能教。上述梁先生讲的开蒙课片段说明，不仅可教，而且基本内容学生必须学，还必须学精、练好。二者差别何在？在于培养建筑大师还是训练一般称职的建筑师之别也！美国人的观点是，学校教育不足以培养建筑设计大师。梁先生的教诲证明：建筑学基本功则是必须教好、学通、练精的。综合而论，似乎可以说，要成为优秀建筑师，光有常识、知识是不够的，仅有知识还不是力量。要卓然有成，必须追求自己的见识，磨炼胆识，追求远见卓识。而启迪思维，开拓境界，腾飞想象，还不能囿于建筑学本专业，应培育文学艺术修养，尝试哲学的研习。文艺复兴时期的全才巨人今已不太可能再出现，但是全面发展、术业专攻，恐怕仍不失为追求的目标。其他行业如此，建筑设计行业亦理应如此。

2016年6月14日于上海

论胆识

建筑大师贝聿铭毕业后就在纽约的房地产大亨泽肯多夫的公司做设计，同时也了解了许多商业运作手法，自己日后办公司、拓业务从中获益多多。泽肯多夫此君在美国房地产界可谓传奇人物。他成功地化腐朽为神奇，去粗取精，优劣组合，扬长避短，政商沟通，利用税法，一时风风火火，还真创造了“神话”。以他为例说胆识，正其人也。

他是第一个利用欠税递延机制获利的人。根据该机制，一个亏损的公司可享受减免税支持，以摆脱困境。具体做法是若干年内其所有收益免税，直到其总收益与亏损相抵为止。泽君敏锐地意识到：把一个盈利的公司与一个潜在亏损享受税务优惠的公司整合成“天人合一”（原文是Synergism，意为神人协力）的新公司，则原来盈利公司则可享受避税之利。泽君曾为石油大亨老洛克菲勒之子做过一段时间顾问，其间曾游说洛氏兄弟作为个人股东注资一家房地产公司，收到避税之利，大赚一笔，而且巩固了与财阀的关系，为日后的发展打下基础。有胆有识，依傍大款，乘风借势，腾蛟起凤，古今成例多多，未足称奇。泽君当然绝非始作俑者。其过人之处是趁新税法条初颁，风起于青萍之末，趁隙而入，进优劣兼并之策，假手他人实施、验证。无独到眼光孰能至此。

二战结束后，世界上即有成立一个国际组织——联合国的提议，防止德、意、日法西斯侵略罪行再度发生。世人对此期许颇高，而且普遍认可联合国总部以设在美国为宜。联合国总部所在城市将因此声誉大增，许多城市不遗余力去争取。费城是美国独立后的首都，一番博弈之后，最有希望迎来联合国总部定址于斯。正当谈判接近尾声只待签约前夕的某天早上，纽约的泽肯多夫正在用早餐，看到报纸上的这条消息，怦然心动，来了主意。原来他在纽约东河边上多年来储备了不少土地，原来是屠宰场，又脏又乱，但是区位、景观很好。其中一块地的位置和面积正合适用于联合国总部！泽君马上拿起电话打给纽约市市长大人威廉·奥德怀尔，说自己可以给市里创造一个机会让联合国总部不去费城定在纽约，而且就在曼哈顿。市长大喜过望！泽肯多夫建议市长亲自发电报给联合国官员，纽约市愿提供东河边上17英亩（约6.8公顷）土地给联合国总部，无论出价多少都可以谈判。奥德怀尔将信将疑。泽肯多夫进而说明：之所以要让联合国定价是因为定址签约迫在眉睫，没有时间再去纠结。机会稍纵即逝。促使其改变去费城初衷的唯一办法就是由对方定价。

此法果然灵验。联合国一得到纽约市市长如此慷慨的建议，马上要签购买这块土地的优先权（Option），出价8,500,000美元。泽肯多夫给了30天优先权。合同很快谈妥签订，款项由小洛克菲勒转到联合国，交易达成。没有准备就没有机会，没有见识想不到此法，没有胆识做不成此事，没有人脉过不了此关。此例把房地产操作的精髓体现得淋漓尽致。

细心读者会问：泽肯多夫储备的什么地？什么价钱？说来话长。他买地有个策略叫“让柠檬树长葡萄”——发掘那些看似不佳的土地的潜在价值。“联合国地块”就是这样来的。他储备的地是曼哈顿东河岸47街到49街的地块，上面有几个屠宰场，乱七八糟，臭气熏天。当时地价每平方英尺5美元，是曼哈顿西岸地价的1/20。泽肯多夫想把屠宰场废掉，引进高大上项目，使地价升值，决定赌一把。先把周围的土地以每平方英尺5美元，甚至更低的价格买下来。屠宰场老板当然不傻，把地价提到每平方英尺17美元，且分毫不让。泽肯多夫狠心通通拿下。总共60笔交易才达到他心中的理想规模。联合国一来，泽肯多夫在其余的地上赚了多少只有天晓得。机遇是“半由人事半由天”，信哉此言！

也许有人问，难道只有泽肯多夫这样有钱有势才能成大事吗？不尽然！早年看过一部美国西部片，讲述西部修铁路，一个淘金者靠胆识发迹的故事。情节真假无从考证，但是其中道理值得玩味。当时采用蒸汽机车，沿线不时要加水，站点选址受制于此。西部山区水资源少，更是如此。一对农民夫妇居住的地方有水资源，地势较平缓。得知铁路要修过来的消息，便以极低的价钱在家附近买了许多地。铁路公司选线过来，发觉此地适合设站，要购地。农民夫妇持地要价，争执不下。这对夫妇坚持不让，最后铁路公司绕不过去只好高价买下。此地后来发展成一个小镇，淘金者的风险投资目标达成。若真有此事或大致不差，除了见识、胆识，可能还得要一个条件：法制环境。

2016年6月15日于上海

做梦　解梦　圆梦

建筑师这个职业，个中百味非此道中人实难体会。偶尔道及，每每感慨万端，虽人言人殊，静躁不同，触及伤感，壮岁雄豪，未免块垒难消，言辞激烈。年迈七旬，霜露日晞，心境渐趋平和，可以定下心来，牢骚也好，感悟也罢，稍微客观一点儿写几句吧。在我看来，这个行业无非陪人做梦，为人解梦，帮人圆梦。人者，业主、开发商、机构、部门、公司……形形色色，林林总总。梦者，业主的目标、胡思乱想、痴心妄想、突发奇想。盖房子不是简单事，兹事体大！即便平常住宅，按照联合国的定义：住宅是人一生中可能购买的最昂贵的商品。果真如此，岂不重哉。发端伊始，开发商和其他业主对他们的项目朦朦胧胧、想入非非，什么都要，而且要样样全好，不是做梦是什么？建筑设计，尤其方案设计，其实是“无中生有”，帮人家无中生有，不是陪人做梦又是什么？陪人做梦还需为人解梦。解梦得有办法，得有耐心。办法的要旨有二：一是尽快分析，算清主要用地指标；二是尽快画出形象。指标计算我总结出一套公式，加一些经验数据，一个二三十公顷的住宅小区、大中型商业项目，一二十分钟就可以比较准确地算出数据，甚至可以在与业主当面交流时很快心算出来，让他如梦初醒，接下来的交流就会顺畅许多。梦醒时分越早越好。数字最有说服力，越早量化越主动。及早画出形象无非手绘或用电脑。不建模，电脑画不出表现图，无准确数据又不好建模。而且简单的电脑图效果往往不佳，有时甚至弄巧成拙。尤其应当小心的是少用参考图片。业主念念不忘自己项目的形象，而不是他人的项目如何如何。一位业主曾对我很不客气地说：“你能干！你说你是神仙我也信！你拿别的项目来有什么用！我的项目是什么样子？”此君有点极端，却未必没有道理，其实他说的是大实话。谁愿意听隔靴搔痒、不着边际的描述。摆脱困境最好的办法是现场手绘。有计算数据，加上一些形象储备，只要具备一定的徒手功底便可以又快又好地画出大体形象。与业主讨论既直观又切题，事半功倍，效果上佳。上述二法经公司同人试用，反映尚可，聊备一格，帮业主解个梦，庶几可也。建筑师的徒手画不拘成法，快、准即可。解梦是拿下项目的关键环节。有梦成真往往十不及二三，出于种种原因，很多项目早夭，但与业主建立信任，以后还是回头客。

设计业务与做梦、解梦、圆梦相对应的是构思、构成、构造。构思是业主说梦你造梦，说得好听叫创意、理念。设计是个从无到有，由抽象到具象的过程。构思是抽象，而且抽象度高一点更好，落实到造型上余地更大。柯布西耶说住宅是居住的机器，他的马赛公寓一应功能俱全，造型也大异于其他住宅。贝聿铭先生定义美国国家美术馆东馆的图书馆为思想的容器，去过东馆的人想必对其幽深玄密的室内空间印象难忘。库哈斯则认为阅览室是他设计的法国国家图书馆脑神经元，他的方案用上下横斜穿插，像神经一样的电梯、扶梯、通道把阅览室连接起来，外壳是一个方盒子，内部空间错综复杂。机器、容器、神经元的联系，形态各式各样。从哲学角度来说，是本体论思维。本体论认为：事物的本体、本质决定事物的存在。同一本质下，有形形色色的存在。方案构思确定本质，方案造型创造存在。本质提炼越深刻，形象越新颖、越生动。作诗讲究“诗眼”，贵在意境。王国维评论“云破月来花弄影”着一“弄”字而意境全出；“红杏枝头春意闹”着一闹字而意境全出。确是的评，他更得意创造了“意境说”。其实是来自德国哲学家尼采。本体论思维影响了莱布尼茨、黑格尔、尼采等大哲学家。形而上学训练对提炼思维大有好处。对于建筑创作和建筑设计而言，本体论和方法论尤其重要。

有的构思以形寓形。歌剧院像“一朵白玉兰”，候机楼如“大鹏展翅”，更有甚者如“日月同辉”“元宝铜钱”“森林大楼”，如此这般，触目皆是。高下雅俗，姑且不论，至少用建筑来表达具象恐非所宜。建筑不是雕塑，更不是绘画。他的体型是几何体，带有一定的抽象性，有自己的一套美学。目前较为流行的是格式塔心理学，即完形心理学。就形论形，探讨美学体验。由是观之，抽象度高一些的构思可能更契合建筑造型的本体内涵，做起梦来也玄妙幽深，何其快哉！

有些业主做起梦来没完没了，变来变去。有的要求和规划要求、场地条件根本对接不起来，互相矛盾，非要你关公战秦琼，你要是不打他不管饭。应对这种情况只有快算、快画、快速反应。最有说服力的是数据，破梦还魂，打消其痴心妄念。鹅毛满天飞，自有落地时，让他早些回归本原也是建筑师的本事。根据我的经验，很少有跟你故意捣蛋的业主，只有经验不足、犹豫不决、难拿主意的甲方，只有财力不济无法跟进的业主，和对建筑师不甚满意又寄予希望的业主。当然也有做梦、解梦、圆梦一气呵成的业主，遇上一个、两个，此乃大幸。尽管情况千差万别，只要为他们着想，急其所急，想方设法为他们解决问题，大多数业主还是很好相处的。我和一些业主多年以后还是好朋友。

当然也有梦好，难解，因其他专业的因素变成残梦的案例。更有啼笑皆非，难陪，难解，更难圆的梦。试举一二例，聊博一笑。例一：云南某地某单位委托设计住宅，内中含领导的大户型。方案送审，经办人告知领导已看过，无多意见。设计师闻讯大喜，只待收款。数日后通知：还须待各位领导夫人看过，再讨论讨论，才能敲定。夫人评审会上，鸡一嘴、鸭一嘴……最后告吹，不做了。例二：青岛某财主要造豪宅，要求很简单：正南正北，方方整整，九室一厅，入口即大客厅，中间走廊，两边房间。建造师窃谓此非号子而何，不做。以上二例乃20世纪末年间事，听起来有恍如隔世之叹！近些年来再未听闻此类趣事，亦进步矣，且神速也。

设计项目好梦一旦成真，乐趣多多。今述一例：沙特一老板在宁波北仑开厂，做卫浴洁具五金件，销往欧洲和沙特。拟在沙特首都利雅得做一综合展销厅，卖自己的产品，也卖汽车，兼4S店。在中国找几家设计单位，不满意。轮到我们，约北仑面试。此君倒也痛快。几句寒暄，大略介绍一下项目梗概，马上就谈方案。我也很直接地告诉他：卫浴洁具五金，不登大雅之堂，一时难找什么特点来做主题，要编故事。大略云：《一千零一夜》有一个阿拉丁的故事，驾飞毯、过沙漠、见绿洲，中有巨石，石下有甘泉，落下歇息，铺长袍于巨石上，入石泉沐浴。你可以在里面卖五金洁具，做生意。业主来了兴趣，我在白板上画一草图。此君大喜，认可。旋谈合同，讨价还价谈不拢。半年后来电：广东一设计单位愿以十分之一价钱承接设计，此君要买我的方案。答曰不卖。做得好还好说，做不好反而怪我。又数日，来电，还请我做，要求降点价。降！双赢！利雅得规划部门已审批通过方案，10月动工。沙特节奏慢，好事多磨。作品异域建成有望，亦乐事也。商人终归是商人，说地块周围无高建筑，没有人能看到展销厅屋顶，要求把代表阿拉丁飞毯的锈蚀穿孔钢板和GRC做的长袍在屋顶部分沿屋檐三米内通通取消。我坚持不改。此君顿改往日谦和面孔，非要改不可！钱能通神，更可驭鬼！省些许小数，好端端一个方案改得面目全非，徒唤奈何！

2016年6月16日于上海

风格与设计

盛世追求风格，平世讲究设计，中外皆然。《20世纪的设计》一书的作者在前言中写道："经济不景气，功能主义（设计）大行其道。经济形势一好，反理性主义（风格）便层出不穷。"设计这一行业，文艺复兴时代从工匠中分离出来，20世纪初期，甚至19世纪末，从设计中又分出创意设计师来。至今尤其明显，创意设计已然成为一个专业。

简而言之，创意就是运用风格语言表达构思。设计就是结合功能、根据造价、综合运用技术材料手段实现构思。风格语言可以是比较纯粹、完整的某一种，也可以将其解构、重组，形成新的风格语言。自己独创一种风格语言就难能可贵了。古今中外，能几人欤！如今重创意，保护知识产权，是一个很大的进步。老一辈建筑大师戴念慈说过：没有不好的方案，只有不好的设计。他强调构思重要，设计要体现构思。方案有不好的，而且好的不多，多就不用强调了。风格的定义有广义、狭义之别。广义指文学艺术风格。狭义指艺术和建筑、装饰艺术的各种风格。各界别之间艺术哲学思潮其实是相通的。

我们专业范围内指建筑风格和装饰风格。一般指希腊古典、罗马古典主义、哥特风格、文艺复兴、巴洛克、洛可可、浪漫主义、新艺术运动、现代主义、后现代主义及解构主义等。还有各种风格的演变和各种地方风格、地域风格。中国古典建筑和民间建筑在世界建筑史上独树一帜。

建筑风格大致划分如上述，不过真正关涉建筑设计实践的主要风格是古典主义，连类而及巴洛克、哥特风格，连类而及罗曼建筑、现代主义和后现代主义。至于新艺术运动等流派，都是古典主义向现代主义过渡的阶段性产物。还有一大类是地方风格，这一类比较复杂。有的完全自成一格，与上述任何风格关涉很少；有的则在基本自成一格的基础上融合了一些经典风格。

古典风格主要是柱式和柱式构图。其本源是希腊陶立克柱式和爱奥尼柱式，后来还有塔司干、科林斯、混合柱式。希腊风格的继承和发展是古罗马建筑。罗马人发展了拱券、发展了古希腊建筑的柱式，形成柱式构图。把拱券和柱式集合到一起，形成了古希腊、罗马建筑的高峰。建筑专业的从业者最好能记住5种柱式的比例关系，能默画出来，最好还能默画出几个基本的罗马建筑的立面。这是培养古典建筑美学修养的一条重要途径。

文艺复兴就是复古希腊、罗马之兴。建筑大师们将其要素系统化，构图更加丰富完整。不过，文艺复兴建筑经典却又古板。凡经典必古板，凡古板就会谋突破。真正影响后世的是巴洛克建筑，即在文艺复兴建筑基础上加以突破的建筑。上海外滩的古典建筑大多数都是巴洛克风格，北京东交民巷的老西洋建筑亦如此。

要了解流行的欧陆风格、西班牙风格，不妨花点时间把巴洛克建筑和哥特复兴研究一下，与古希腊建筑、古罗马建筑做对比，找出发展变化的脉络，了解变化的元素。巴洛克风格建筑，经过手法主义的发展在文艺复兴建筑风格上调比例、调构图。或把山墙解构，或把细节增减，或使局部墙面突出呈圆弧形。室内装饰金碧辉煌，大量采用雕塑和绘画作品。巴洛克风格在城市规划上也有很大发展。强调组团，追求空间的序列效果和透视、景深。重视城市设计，强调街道、广场组织空间的作用，创造出各式各样，新颖的空间。全球大城市中现存的古典建筑、城市规划，很多都是巴洛克风格。欧洲许多城市自不待言，巴黎、柏林、布拉格、布达佩斯、莫斯科，北美和拉丁美洲许多城市亦是如此。亚洲、澳大利亚、非洲的大中城市概莫能外。也许有人会问，为什么？我认为巴洛克除了是一种风格语言，更主要的是一种理论、方法。他新图变，越过文艺复兴、古希腊罗马建筑的藩篱，产生了堪与前人比肩的作品。巴洛克建筑没有形成完整的理论体系，却留下丰富的规划、设计技法，供后人总结借鉴。变化古典比例，解构城市肌理，正是我们今天作欧式风格建筑时用得着的技巧。任何风格均无严格的定式，仅仅是构图要素及其组合手法。建筑师必须掌握要素和手法，而且知其所以然，丰富艺术修养，涵蕴造型美感，设计别具一格，独擅佳妙。古典建筑设计训练建造师的比例、尺度感，培养全面掌控，体现构思创意的能力。

柱式在古典主义建筑中的影响还表现在比例。古典主义建筑的立面设计三段式，檐口、墙身、基座，就是由柱式的檐部、柱身、基座划分，比例、细部移植到立面设计。加柱廊，贴壁柱，俨然古典。后来即使墙身无柱，也要按三段式中柱身比例划分。19世纪末20世纪初，美国芝加哥学派率先设计高层建筑。立面有意识地运用三段式，墙身占比例大大增加，檐部下加横线脚，基座或加线脚，或拉开分两部分作。古典柱式的比例被改变，构成要素丰富，手法变化，立面高直，严谨而不乏意趣。与巴洛克手法有异曲同工之妙。我们学到古典要素在建筑设计中的运用，可以是整体比例，也可打散以后各取所需重构重组。这是后现代建筑，尤其是解构主义的精髓，一旦掌握，设计能力会有一个很大提升！

文艺复兴重新发现希腊、罗马。建筑设计从建筑工匠行业分离，希腊、罗马建筑遗迹的研究产生系统成果。五大柱式规范化，命名“维尼奥拉柱式”。两个重大贡献则归功于帕拉第奥。横向五段构图一般认为出自其手：中央是主体，两侧连廊，两端次主体。巴黎卢浮宫东廊、北京人民大会堂都是这类型制。全球各地不乏其类。竖向三段横向五段从此奉为构图经典。他简化柱式构图，通俗化五段、三段，把它们从宫殿、神庙引到民间建筑，“旧时王谢堂前燕，飞入寻常百姓家”。风行天下，连当时农舍也堂而皇之，竖三横五。端部次主体当马厩，堆草料。墙面贴不起大理石，一概石灰刷白。淡扫蛾眉，小家碧玉，略施粉黛，别饶风致。今天大多数欧陆风格的别墅、公寓、办公楼，可以说其做法大多是他们的流风余韵。没有不好的风格，只有不好的设计。信哉此言！风格与设计沿各自途径演变，发展，时有交集。每每交集形成巨变。

美式别墅风行一时，风格基本上来源于欧洲，尤其是英国。英国古典建筑风格大致分三大类，对应三种风格，三个王朝。

1.都铎王朝（1485—1603）。著名的国王亨利八世，最后一位统治者是伊丽莎白一世女王。其主要风格因此得名“都铎式”。哥特风格演变而来。2.斯图亚特王朝（1603—1714）。伊丽莎白一世女王无后，亨利八世妹妹的后人詹姆士一世继位。主要风格是文艺复兴式，其代表人物是克利斯托弗·仑。伦敦大火后主持重建的总设计师。3.汉诺威王朝（1714—1901）。主要风格是佐治亚式，源自古典复兴。斯图亚特的安妮女王去世后，本应由詹姆士一世的孙女索菲亚女王继位，但她已故去，其子德国汉诺威选帝侯乔治一世继位。1714—1830年在位的前几位君王均名乔治，建筑风格因此称“佐治亚式”。最后一任是维多利亚女王，故又称“维多利亚式”。这种风格公共建筑最流行，其根源是巴洛克。这几种风格都相继传播流行于美国。后来还有西班牙风格，由传教士带过来。这种风格在西班牙本土产生于摩尔式建筑、哥特建筑、古典建筑等的融合。美国还有一点印第安人建筑，聊备一格，其余如城堡、庄园、府邸，林林总总，洋洋大观。几乎无所不包，并无水土不服。美国工业普遍模数化、标准化。建筑业还进一步推行工业美术设计。建筑产品、部品便于组合，装配，尺度比例协调美观。美国只有平冗建筑，少见丑陋房屋，模数化、标准化和工业美术厥功至伟。我国的模数化推进很早，后劲却不足。工业美术近年有进展，仍差距不小。住宅和家具在一起往往暴露尺度不协调。20世纪80年代引进美国家具，店里气派，家里别扭！当年住宅开间窄，层高低。美国人高马大，家具尺寸也大，一进中土，横竖不自在。一些富豪权贵，居广厦，卧大宅，家具合适，房间匹配，与人又不甚协和。美式家具现在很少见。瑞典的IKEA（宜家）却大行其道，产品按中国人身材设计，适销对路之谓也！

熟悉几种柱式、了解文艺复兴和巴洛克风格、哥特风格，掌握其流变的关键点、来龙去脉，作欧陆风古典设计会顺利很多。哥特风格结构体系严格而比例尺度随意性大一些，变化多而特点鲜明，易于识别，偶一为之，别生异趣。地方风格、特殊造型，皆可照章办理，加以协调变化，整合成建筑语言，包融进建筑师的词库。这也是创新手段，屡试不爽。说完了风格与设计的关系，和多种主要风格及其流变，以后再详谈使用较广的现代主义、后现代主义，特别是解构主义风格。

顺便写几句近来走红的装饰艺术。这是新艺术运动一派余脉，由家具设计发展而来。主要手法用名贵材料给块面包边。金镶钻，银包玉玩儿不起，紫檀木、黑木常见。包边围合轮廓，类似镜框，多为中轴对称的长方形、椭圆形、菱形或类似图形的连续图案。一包就圈出重点，移用到建筑上更出效果，既不太费事又花不了多少银子，性价比高，颇受开发商青睐。

最后介绍一本书作结，即贝克尔的《美国别墅风格》。他用一个别墅的平面，保持长宽和轮廓尺寸不变，做成各式各样的建筑风格每种风格一套图。介绍风格的书有很多，选他的书，用来说明两个问题：1.风格只有符号及其组合，没有标准法式，他的设计是他的理解，每个人必然有自己的理解。2.风格设计是可以借鉴而且都在互相借鉴。这是设计的常态。推陈出新即创作。另一本书连书名都不清楚，但是牵出一段逸事。美国佛罗里达州棕榈滩20世纪初大规模开发。一个半路出家的“建筑师”——迈兹奈尔。他得到一本破旧的，记录西班牙的城堡、别墅的书，自己设计，开发房地产一举成名。他本是一名颇有天赋的营销奇才，没有受过正规的建筑教育，半路出家，入行开发，居然带头把当时尚带原生野趣的佛罗里达州的棕榈滩，建成一个嘉年华式的旅游胜地！他创造性地运用这本天书，在这个地老天荒之地要追求历史感！美国的历史短，此心可鉴，此情可感，此中生意当然也大有可为。他盖房子往往先从角上动工，象征家族第一代打下基础，采用罗曼风格，即一种中世纪的后罗马风格。后续部分又带一点哥特风，表达第二代有所发展。最终完成部分采用文艺复兴样式，寓意家族兴旺发达，带有传承，业继星火。他有两重用意：一重是炫耀建筑历史知识；另一重是虚拟买主一代比一代富裕、文明。奇着大奏奇效！从美国北方寒冷地区来棕榈滩的富人哪里见过这种场面，趋之若鹜。迈兹奈尔从此一发不可收拾，把部分西班牙风、部分摩尔风糅在一起，又凑合带点阿拉伯味道，甚至把宣礼塔也塞进去，最后加建一个文艺复兴风格的侧翼，还有谁能比他把风格及其运用说得更明白的吗！

2016年6月18日于上海

圆梦恐龙谷

很多建筑师，包括梁思成先生都认为自己是匠人。梁先生在《人民日报》发表一组关于建筑的文章，题目叫《拙匠随笔》。清华大学建筑系20世纪50年代初毕业生赠给建筑系的匾额，题为“哲匠之门”。手匠人的成果、作品实现了，自己喜欢、业主喜欢、业界认可，就是圆梦。我认可“匠人”定位。2009年9月，我画的构思、主持方案设计的常州恐龙谷温泉SPA度假酒店落成开业。当时盛况，常州一景。营运迄今，状况良好，建筑形象更获赞许。建筑生涯不如意事十常八九,一个项目差可寓目，敝帚自珍，且道原委，亦乐也。

1997年，常州龙城控股集团“无中生有”地建成常州恐龙园，成为该地标志性游乐场之一，遂使沪宁沿线一提常州就想到恐龙园。2007年另辟蹊径要搞温泉SPA。限于用地性质，一开始叫保圣园，有些养老设施、别墅、城镇住宅、酒店，带点开发色彩，时髦叫综合开发。不久土地性质解决了，方案马上变。酒店用地转让出去，温泉SPA分两期开发，先作一期。

难点在造型。甲方无任何意向性提示，先要几个方案，风格不拘，中式、西式均可。中、西式呈上。集团沈总看了两眼，不予置评，但是指了明确方向：我们是搞旅游的，我们的建筑一定要有旅游的乐趣。恐龙园入口的主题是三条龙形成的拱门，用岩石造型，可参考。方案组作了5个方案，挖空心思构思，有水滴、玻璃、生态、木构。我画了个裂隙方案。再一轮方案汇报，归纳为“裂隙”“生态”。深化上规划局审批会，“裂隙”方案过关。主持人评语：方案太怪。若不是沈总的项目就通不过。沈总在场，甘之如饴。他要是不在场，这位大人也会放马过关，只不过是另一番话语罢了。

裂隙构思来自温泉的构成肌理。地表下岩层有裂隙，或大、或小，或平、或斜，地下水在焉。裂隙越深，水温越高，所含有益健康的微量元素越丰富，温泉品位越高。恐龙谷温泉含锶，天随人意。地下水穿过地表冒出来，即为温泉。（图6-1）

图6-1 总体概念草图

构思、构成、构造，设计三部曲。构思一定，关键在于构成——用建筑形式语言和结构材料，使构思表达为建筑形象。整个恐龙谷温泉建筑造型就是一温泉构造的地质模型。岩层或宽、或窄，或斜、或平，转折上下，周匝起伏，翻至屋顶，把第五立面统一进来。岩层间泉水在焉，一层岩石一层水构成立面。屋顶也时见泉眼。所有立面、屋面浑然一体，主题明确，形象完整，造型元素简单强烈，极富表现力，更为构造深化打下良好基础。

“泉水层”即窗也，当然用玻璃表示，有色玻璃最好。为了省造价，甲方决定采用白玻璃。岩石本来应该用石材，受制于预算，改用金属板（图6-2）。为了追求表面肌理和阴影效果，在立面上形成深度感，赋予细部尺度，加强整体效果，我坚持用带肋钢板。肋高和肋间距根据落影效果和尺度综合考虑。决定采用斜向肋，随岩层走向上下左右交错布置，避免单调。不用彩色玻璃、石材本来还心有不甘，为了方案能实施只得隐忍不发。不料甲方为此专门到上海宝钢花几十万元定制模具，在施工现场拉制成形钢板。实施效果上佳。（图6-3、图6-4）留下遗憾的是，限于钢板规格，也为了节省材料，肋高减低了一些，否则阴影效果更强烈。

主入口和大堂用玻璃锥体做成最大的泉眼，其余次要入口或特定空间，做成形状、大小各异，均颇具标识性的“喷泉”。从室外泡池区和入口前广场看去效果尤佳。屋顶根据采光需求，构成大大小小、星星点点的“平泉”，与带形立面形成对比，相得益彰。

a | b
  | c

a 图6-2 **玻璃体与金属板**
设计：肖世荣
摄影：五合国际

b 图6-3 **金属板肌理**

c 图6-4 **金属板夜间肌理**
设计：肖世荣
摄影：五合国际

施工图配合单位尽可能保证了实施的准确度、完成度。建筑立面复杂，方案图都要用三维坐标定位结点，转换成施工图工作量之大，不难想象。他们做得很好，感谢他们。两家公司现在还在别的项目上合作。室内设计构思是立面造型构思的延续——地下洞穴。一家深圳公司做的室内装修，构思理解准确，效果不错。他们因此在常州开拓了许多新业务。

建筑设计永远是遗憾的艺术。恐龙谷温泉无论构思还是设计，都有不尽如人意之处。立面少一个维度，没有往外突出、转折，缺少层次。最大的失误是大堂玻璃锥体的结构。*（图6-5）*锥体不高，大堂面积也不太大，通体作空间网架，结构干净、利索，效果本应很好。承包商胆太小，经验又不够，非要在二层加一道钢筋砼圈梁。傻大粗蠢，这还得了！我坚决不答应。他们做不了就换单位！甲方倒也优容，承包只得退让，圈梁不见了，又把网架杆件加得又多又密，惨不忍睹！木已成舟，回天乏术。他们承认应该再做得好一些。事已至此，悔不当初，用人不当，自己活该！结构的亏吃得多了，还有比这更加恶劣的，以后再讲。

建筑追求完美，而永无完美。*（图6-6）*构思、构成又是一种“试错”的行当，不停改来改去。历尽苦辛，有一“作品”*（图6-7）*，余愿已足。谢谢甲方，谢谢合作者。

2016年6月19日于上海

a
b

a *图6-5* **大堂玻璃锥体**
b *图6-6* **建筑主入口**
设计：肖世荣
摄影：五合国际

图6-7 **建筑与庭院**
设计：肖世荣
摄影：五合国际

高山流水

与业主尤其是开发商老板或主管打交道，建筑师谈设计之外，还要社交。吃饭、喝酒、泡吧、嗨歌、搓麻将、侃大山……年纪大了有代沟，牌局不会，泡吧不妥，大山侃不到一起，嗨歌嘛，新的不会，老的不合时宜。唯对方有好文墨者，书法、诗词唱酬，引为同道，业务之外，舞文弄墨，纯粹附庸风雅，不失套磁一法。屡试之，有爽，也有不爽。有的真挚，有的客气，有的逢场作戏。至少斯文，不出界越轨，安全。十几二十年下来，就这样交了一些朋友。有的还成了至交、回头客。建筑师也要养家糊口，在商言商，未能免俗，一笑可也。也有找错对象，“蚊子咬菩萨，错认了人”。也有越俎代庖，为人捉刀，煞是有趣。试述几例，聊供解颐。

常州龙控集团胆子大，一边盖SPA酒店，一边打井找温泉。2008年某日，项目主管陆贤给我一短信：泉水打出来了，含锶，水温水量几何，欣喜之情，宛在目前！我当即写了一首诗，《喜闻泉丰水美遥寄陆总》，他高兴不已。2009年9月酒店开业，春节前夕，酒店全体员工联欢，我应邀出席。陆总让我朗诵这首诗，并另纸书就，当场送给龙控集团董事长沈波先生。诗中“沈郎”是也。（图7-1）他为我们的构思做了明确指示，才有恐龙温泉方案最终成形。龙城乃常州别称。秀才人情纸半张，也可以交友。同声相应，共事同乐，斯亦一大快事也。我们成了好朋友。2015年，龙控集团又邀请我们参与在江苏金坛开发的“东方盐湖城”旅游项目的规划，建筑设计仍由陆总主管。项目很大，很复杂，极富挑战性。我们合作更默契，更有效率。2016年3月28日，“东方盐湖城”一期开业，盛况空前。陆总看到我，会心一笑：我终于搞明白，你们建筑师汇报方案，总要先给业主讲一通构思。想来想去，原来你们不仅是对业主讲，也是自己讲给自己听啊。知我者，陆总也！设计这无中生有的差事，不先定下一个框框，信马由缰，跑到爪哇国去了都不知道！

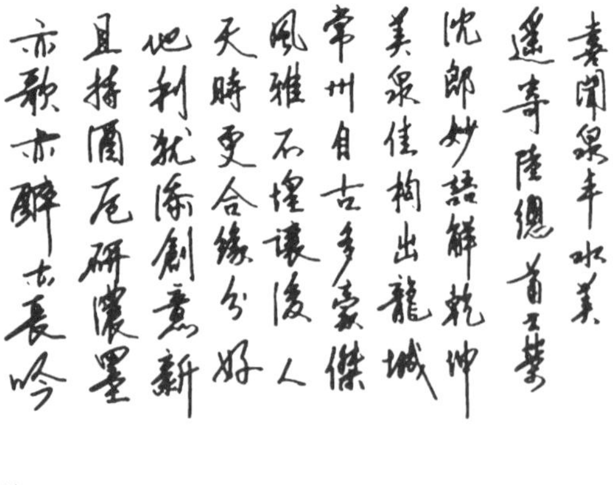

素聞泉豐水美
遂尋陸總首[illegible]
沈郎妙語解乾坤
美泉佳構出龍城
常州自古多豪傑
風雅不遑讓後人
天時更合緣分好
地利猶添創意新
且持酒卮研濃墨
亦歌亦醉亦長吟

图7-1 项目题诗

2010年夏，某日。接一电话，不认识对方，他说老板要在浙江省长兴县，苏、浙、皖交界处的山里搞一个文人别墅区，经人介绍找到我，要我先跟他老板打电话聊聊。老板王明，企业家，好国学，趣日浓。他性急，问我在设计中如何表现出文化味道。我只好先作一幅草图，写一篇《归园田居赋》对付他。马上签合同，做方案，开始还顺利，后项目因资金问题迟迟未启动，没想到大家成了朋友，我们的交往保持至今。

2000年，我由京转沪工作，在现代集团江欢成院士的事务所做总建筑师。其中一个任务是作河南鲁山大佛。佛像高108米，连底座、基座总高158米。我参与造像方案的选择和像高的确定，完成了基座的设计和景区规划。佛像早已建成，成为豫西一大旅游点。设计初提出五方玉佛说，鲁山大佛改为中原大佛。设计合作者有河南省古建筑研究所所长张家泰先生，有业主从洛阳请来的清华学长高世正先生。张所长是古建筑专家，对河南省的中国古建筑遗存如数家珍。高学长是建筑结构专家，博闻强识，过目不忘，性情耿介，多慷慨语。与业主不契，附我一纸，悻悻然曰：他我黑白本相殊，不是同类莫相轻！我写了两首七律分赠。项目过从两年多，人事沧桑，友情长在。高总曾相约去徐州一带吊淮海战场，他把路线安排妥当，我却因故不能成行，对不起他。大家早已年逾古稀，音信稀疏，整理旧稿，睹物思人，又是一番感慨，莫非人一辈子就这样消磨了吗？

舞文弄墨也有自作多情，认错对象，没有反应，后来因别的原因项目黄了，关系也断了的。对牛弹琴据说能增加奶产量，我这个等于零，等于负数。

亦有老板好这一口，而不能成篇者。早年曾为北京一山区别墅项目做规划建筑设计。大老板信佛，从新疆弄来一块巨石，欲置于项目大门口勒铭记盛。另有一块玉石，拟雕刻佛山胜景，置于办公楼大堂。某日示我一纸："肖工，你帮我看看。"会其意，四言八韵书就，绘佛山草稿一幅呈上。沉默半晌，乃曰："差不多这个意思。"(图7-2) 来沪后，还为他们做一些项目咨询和方案。

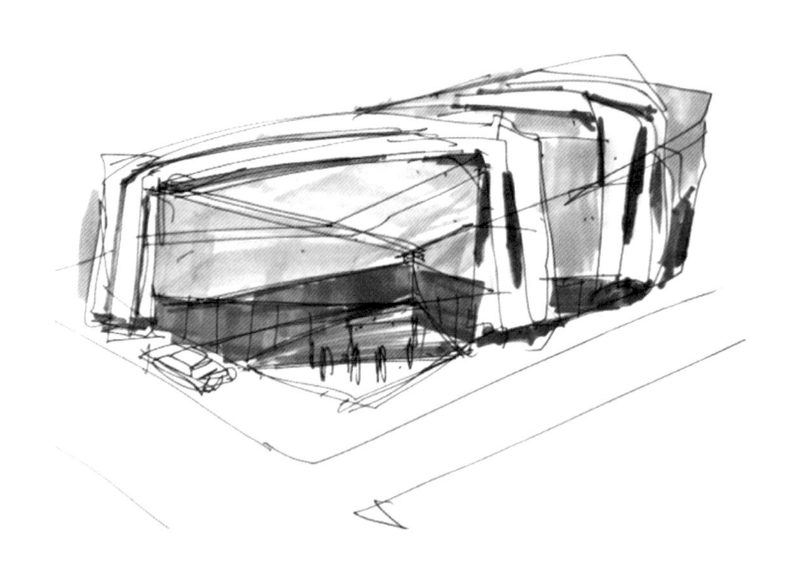

图7-2 建筑概念手绘

府第即门第　品位即地位

住宅规划设计已经发展到了一个新阶段。房型丰富，规划手法多样，景观和室内装修争奇斗巧，豪华竞逐，异彩纷呈。多种欧美风格在沿海甚至内地习见不鲜。手法、效果，也多带异域情调。“风乍起，吹皱一池春水。”一波才动万波随。西班牙风、都铎风、维多利亚风、法国风、装饰艺术风……来一个火一个。策划营销炒作概念，提炼广告语、主题词，火一个换一个，挖空心思，花样翻新。自从西风东渐，年复一年，到处欧陆、美国风格，换了颜面！全世界的楼盘都这样规划设计销售吗？大谬不然！我们追求新鲜感是为销售，与众不同还要看实质。外观重要，权重居其次，这是第一。第二，新鲜也有内涵。并非哪种风格新颖，或者开发商、设计者倾向某种样式，即可决定，买家才有最终话语权。各种风格的接受度大相径庭。大体而言，巴洛克、新古典或者所谓“简欧”、美国加州的西班牙风格接受度高。国外普遍采用，参考资料、实例多，手法成熟，美观。不管什么风格，只要能解决有市场才能流行，被广泛采用的销售问题。“新中式”流行，中国传统建筑用现代主义手法做构成，混合古典、现代元素，颇新颖，可能成为潮流，甚至可能形成新的我们自己的风格。总体而言，任何风格均无标准定式，因此都不纯粹，都可以加，而且也都融合了其他元素，形成新格调、新品位，这也是创新！业主所想和所需有区别。他们对于建筑外形只是一种感觉，一种美感、遐想，不是购买的决定性因素。但是这种模糊、有意无意的感觉体现出他的品位、格调。这种感觉差异很大，众口难调。比较保险的做法就是选择上述流行的风格。采用别的风格，体现差异性当然好，但是设计难度大很多，市场把握风险也大，尤其要小心。这是从开发商角度说。从用户角度看，品位即地位。用户选中的风格，自己认为是上品，代表他的品位。在成熟的房地产市场中，的确是不同品位、不同职业的人选择不同风格的住宅。以美国为例，自由职业者喜欢都铎式，艺术家倾向哥特复兴式、后现代解构主义，官员欣赏维多利亚式，富豪、大明星炫耀庄园、城堡、意大利文艺复兴风格府邸……一般人士接受常见的风格。我国房地产市场还没有到这一步，不过已见端倪。

“府第即门第”虽然听起来有点夸张，居者对居所内涵的认知之重视也差可近似。一学者住公寓楼，小小的入户门，门侧墙上镶精致小匾额，红底、黑字楷书“杨寓”。开发商朋友委托我为他做一套大面积复式公寓。看到图册封面“王府”二字，端详一阵：“是不是有点说大了？”喜欢，不习惯而已。寓所在主人心中就是府第。品位门第互为表里。品位是核心。有品位并不一定要大把花钱。中国许多民居，草顶、木构、粉墙、泥壁而已，也很有品位。意大利一些乡间别墅，有极其豪华者，但亦有的材料非常普通，却别有品位、格调者。无论中式、西式，品位关键在于设计的优劣，而不尽在风格与材料之高贵。设计有品位，造型、外观要美，布局和平面设计更重要。户型布局由五个功能分区和各区之间的相互关系、面积配比决定。室内外空间分为四大类。空间和功能分区决定住宅区的品位。姑且命名为四类空间、五大功能区。

四类空间：公共空间、半公共空间、半私有空间、私有空间。住宅小区的集中绿地、居民共用的活动场所是公共空间，小区居民人人可以自由使用。小区组团内绿地、活动场地、健身区，是半公共空间，原则上主要由该组团的居民使用。楼前小径和宅旁空地、绿地属该楼居民使用，是为半私有空间。单元入口、门厅是私有空间，是单元业主花钱买的。居民在小区里有归属感、认同感，源于四类空间的设计品位。人皆追求归属感、存在感——我住在哪里？什么地段？房子什么档次？人还有领有感——哪些空间属于我？属于我们？哪些地方我可以去？哪些设施可以使用、享受？人还追求标识性、可识别性——属于他或他们的东西要与别人不一样，“名牌”，有品位！表达归属感、领有感、体现标识性由规划设计、景观设计以及标识系统设计的格调和品位决定。但是开发商自己的品位若不能与目标客户群的品位相呼应则会影响销售。某开发商大佬调侃某另一开发商大佬开发的住宅区：前面一个大草原，后面一个草原大。四大皆空，茕茕孑立，缺少标识物，了无情调。也有另一个极端。广州绿化条件好，有某小区者，广种绿植，遍布花坛，留下的空地已经很少，又把地坪做成高低错层，住户缺少户外活动场地，散步都得小心，生怕摔跤，这叫过度设计，适得其反。小区公共空间设计有两种方法：以实作虚和以虚作实。我们的小区一般建筑密度偏大，空地少，适合以虚作实，开放空间多一些，用绿化和景观小品划分，点缀空间，效果不一样。至若暮春三月，庭院草长，杂花生树，雏燕翻飞；夏水澄碧，金柳柔波，鱼戏莲叶，浮光曳影；秋云不雨，少晴长阴，黄叶无风，寂寞飘零；寒月凌空，万籁俱息，板桥人归，踏雪影痕，则又是一番景象。高下立判也。根据不同的主题，创造意境，形成别样格调，可以赋予公共空间独特的品位。

五大功能区：礼仪区，包括玄关、门厅；公共区，包括起居厅、餐厅、厨房；私密区，主要是卧室；功能区，含洗衣房、储藏室、工作间；室外区，阳台、露台、屋顶花园。家庭厅、影音室、书房等房间，有的归公共区，有的归私密区。若设客人卧室，一般在书房内，靠近公共区。五大功能区分类源于别墅情结。别墅包括了住宅的主要功能空间，体现了各类空间之间的相互关系。双拼和连排的空间组成与别墅类似。公寓面积大者按这种方式组织空间，也能收到别墅之效。即使小户型也应按此原则布置。

五大功能区的设计决定品位的高下。礼仪区是连接户内外的过渡空间，面积虽小，却给人第一印象，宜有些艺术品位，传达出主人的气质、爱好。公共区是家人日常活动、接待客人的区域。20世纪80年代公寓住宅面积不大，70平方米左右就有大厅小居室，小厅大居室之争。后来到90平方米左右，又有三室一厅、四室二厅之辩。

表面看都局限于厅、室面积大小之别。实则公共区与私密区权重之变也。住宅设计发展到今天，功能设计的关键在各类房间数量、面积划分之外，更强调主题空间的创造和主要功能区的细化，强调各功能空间之间的联系、空间多样化，强调和细化各空间的尺度、比例、细部，强调风格。大体而言，五大功能区面积比例的变化，反映出生活方式的变化。尺度、比例、细部、风格的变化体现品位，逐渐进入按生活方式设计住宅的阶段。

起居厅当然是主题空间。除面积考量之外，空间尺度、比例更应当多加考虑。靠家具体现尺度，细分空间，形成主次，强调重点。空间形成序列，尺度分清主次，就有品位。联系空间加以变化效果最显著。把走道宽度从1.2米加宽到1.8米变成连廊，顿然开朗。两侧墙面布置艺术品，展示主人的书画、旅游拍摄的作品。顶面做灯槽、射灯，连廊尽头做壁嵌，放置雕塑或花束，颇有艺术格调，情趣盎然。走廊的交会点做成过厅，房间的入口空间也宽敞。住宅平面受面宽限制，连廊加宽在进深方向，对平面布局影响不大。私密区主要是卧室。应该按主卧区概念设计主卧，丰富功能内涵。可在书房加一个小吧台，也可以分出小起居区，布置沙发、茶几，主卫生间分出水疗（SPA）区，男女主人分用盥洗台、洁具、步入式衣柜。功能区包括储藏、洗衣机房、用人房，有些还包括车库。室外区有阳台、露台，别墅、联排住宅带花园。高层住宅的露台、阳台，增添了私密的室外活动空间。住宅的功能丰富了，住宅的空间及其组合必然丰富。住宅空间丰富，其序列变化必然丰富。建筑设计事关品位诸要素中，还有一个是把握繁简度。繁、简均可设计出品位。简而精致，是简洁，上品；简而粗率，是简陋，下品。繁而涵蕴，是丰富，繁华，上品；繁而堆砌，是繁杂，下品。掌握和把控组织这些变化的设计手法，设计师凭借建造师人的修养和职业素养确立建筑品位，见仁见智，丰富多彩。当然有优劣高下之分。客户的选择表现出他自己的品位。开发商的品位无论高下优劣，决定开发产品的品位。

2016年6月20日于上海

手记九

建筑风格与手法

建筑风格是图形元素及其组合形成的结果。风格设计手法是选用古今中外风格，驾驭、改变图形元素，调整组合方式的技巧。两者有关联，也有根本的不同，而这种不同往往不清楚，正因为不清楚，做方案、做设计惘然若失，难以措置。建筑师既然可以称作匠人，其设计过程与匠人创作工艺品的过程就有相通之处。姑做紫砂壶首先是壶体，竹节状、圆柱状、圆台状……还有配件，壶嘴、把手、壶盖的形体，能被接受、欣赏，就是大师。若能结合元素的不同特点，组合起来浑然一体，别具美感，颇饶佳趣，更不得了，特级大师！

建筑师也选用创造元素选形造型。形体有独创的，有常见的。匠心独运者，选用元素，决定配合的方式手法就与众不同。建筑大师柯布西耶被称作赋形者，创造了许多独特的造型元素和新颖的建筑形体，是大师中的大师。古今中外建筑名家堪当此殊誉者凤毛麟角。他的朗香教堂、萨伏伊别墅、昌迪加尔法院，尤其朗香教堂，开一代新风，曲高和寡，领世纪潮流，分宗立派。凭奇特手法，旷世杰作，自视甚高，环顾左右，堪称近代第一人。

一般林林总总的大师都是手法大师，把古今中外现成的元素加以变形、变化，能别出心裁，另样组合，或奇特、突兀，或赏心悦目，亦属不易。也有自创一独特元素通吃一方；融通一技法走遍世界者。古典建筑形式就是那么多种，年复一年，原样搬用，所谓千人一面、千城一面，让人审美疲劳。这种事情古今皆然。因此，要求变，要创新。古典有它存在的理由，而现代更要创造自己的存在。现代的创新，起源于19世纪开始的现代化思潮。个人倾向于表现自己的观点，形成自己的风格，体现自己的存在。正像海德格尔所说的："诗意的生活。"从这种哲学观点去看建筑造型，去欣赏元素和手法，别有趣味。

弗兰克·盖瑞（Frank O. Gehry）是美国著名建筑师，他运用独创的鱼形元素设计的西班牙毕尔巴鄂的古根海姆美术馆为他赢得全球声誉。（图9-1）分析其创作元素形成的过程，观察元素发展变化的不同阶段及其运用元素的设计手法演变有助于了解他的独创性来源。盖瑞是犹太人，从小喜欢鱼，奶奶把买来的鱼放在大盆里，他跟鱼能玩好久。从南加州大学建筑系毕业，他的作品风格是现代的，很几何化。不久他便尝试用鱼形做造型。（图9-2、图9-3）1984年，在洛杉矶威尼斯小镇一酒吧，他用一片片胶木拼合成鱼形灯具，既具象又抽象。1986年，在明尼阿波利斯市用金属丝、木材、玻璃、钢材、硅树脂、树脂玻璃做了一座高6.7米的鱼雕。当年又为日本神户一家"鱼舞餐厅"入口区用钢架做了一座巨大的、高21.3米的鱼雕，（图9-4）1987年建成。

图9-1 **古根海姆博物馆**
图片来源：CBC建筑中心。

图9-2 **盖瑞设计的彩色芯福米卡制成的鱼灯，1987年**
图片来源：库斯耶 · 范 · 布鲁根，弗兰克 · 盖瑞. 毕尔巴鄂古根海姆美术馆[M]. 古根海姆博物馆，1998:44.

图9-3 **巴塞罗那奥林匹克港的金鱼**
图片来源：《旅游者》杂志（*Condé Nast Traveler*）。

图9-4 **鱼舞餐厅，1987年，日本神户**
图片来源：库斯耶 · 范 · 布鲁根，弗兰克 · 盖瑞. 毕尔巴鄂古根海姆美术馆[M]. 古根海姆博物馆，1998:47.

1992年，他为西班牙巴塞罗那奥运会奥运村管理中心一个面向临河步行街的露天零售市场做了一个用钢架支撑，切头去尾，长54米、高35米的网状鱼形顶。几乎同时，他开始做毕尔巴鄂美术馆。盖瑞进而从采用鱼形体上截取不同形状的“鱼壳曲面”，发展到采用帆船船体曲面、抢顶风航行的风帆曲面表达“速度感”“运动感”，作毕尔巴鄂美术馆的外形元素。这是一个决定性的变化。从以完整的鱼形作建筑的符号，到选择部分鱼形曲面表达某种意义、内涵的元素，从半抽象半具象的鱼灯，到具象而又虚化的鱼雕，最终形成别具一格的各种造型曲面，完成了建筑元素创新。与此同时，他还发展了一种组合手段——用曲面围合的动态体量楔入较规整的静态体量形成张力感和动感，更有独创性。（图9-5、图9-6、图9-7）

图9-5 **站立的玻璃鱼，1986年**

图9-6 **新奥尔良世界博览会的临时露天剧场，1984年**
图片来源：库斯耶 · 范 · 布鲁根，弗兰克 · 盖瑞. 毕尔巴鄂古根海姆美术馆[M]. 古根海姆博物馆，1998:33.

图9-7 **毕尔巴鄂,北立面，1991年**
图片来源：库斯耶 · 范 · 布鲁根，弗兰克 · 盖瑞. 毕尔巴鄂古根海姆美术馆[M]. 古根海姆博物馆，1998:30.

雷姆·库哈斯（Rem Koolhaas）设计的CCTV新楼是另一种手法：几何切割。基本形体是一个正棱台。从这个基本形体可以挖出一个个奇特的形体。库哈斯按自己的构思“抠出”造型在顶部稍加变化而成。

建筑造型手法多种多样，元素可以借用，当然更可以创造。创造之源几乎不受限制。“万物皆可入画！”创作手法更是今非昔比。组合、拆分、叠加、切割、减少，多种多样！这在古典时代不可想象，在当今却司空见惯。一切均拜“现代化思潮”所赐。现代性其实是一种特殊心态集合。用体验和内省，用内心世界，来反映、看待世界。许多往昔恒定的东西被现代人心中变动不居的思潮过滤掉了，只剩下“一切无恒”的观念。现代建筑就是在这种思潮、语境下发展起来的，市场和业界已经发生了根本性变化，然而其创作手法之本源、核心——把其他形式语言变成建筑语言，从古至今却是一脉相通。知其然更知其所以然，则可融会贯通。无论借鉴、变通、解构、独创，游刃有余，判然不同，又是一番境界。

2013年6月22日于厦门

手记十

寺庙的方丈和挂单的和尚

中国工程院院士、上海东方明珠塔总设计师江欢成学长在20世纪90年代就开了设计事务所，颇得风气之先。我1999年年底到上海，在他麾下做过几年总建筑师，受益匪浅。退休离去，对学长说：“您是寺庙的方丈，我是挂单的和尚。”学长当时大概未必认同。现在想来，自以为大致不差。我以前管过两家设计公司，皆国企。退休后一直在民营设计公司挂单。元好问的七律《外家南寺》最后两句是：“白头来往人间遍，依旧僧窗借榻眠。”借以自况，经历感触，颇相类也。推而演义“住持”建筑师与“挂单”建筑师之间的关系，耐人寻味。

挂单建筑师往往特立独行，跳槽多而频繁。有的不仅自己跳，还带走一标人马，甚至顺手捎带客户和项目出去自己开业，或改换门庭到另一家设计公司挂单，也有投奔开发商帐下，头等的做设计总监，二等的当规划设计主管，最起码也是项目设计业务主管。说不定碰上原公司同事来汇报，前倨而后恭，几分不自在，或前恭而后倨，原形毕露。也有跳出去几个月又回来的，在外面长见识了，好马更吃回头草，落英缤纷，芳草鲜美，恬然自得，何乐不为？也有不堪繁剧，休长假的，转行做生意的，变化之大令人匪夷所思。这些都是常态，人生百态，不足为怪。建筑设计是一门手艺，建筑师是一个匠人，文艺复兴以前一直是匠人。1555—1565年，换了一个头衔，叫architect，由拉丁文architectus衍生过来。根源是希腊文architecton，本义是“总匠人”，相当于“方丈”。设计公司老板以前有根本不是此道中人者，雇建筑师开公司赚钱，因为优秀员工跳槽而一筹莫展，做悻悻然状。现在绝大多数民营建筑设计公司老板都是建筑师，而且有许多还是卓有成就的建筑师。他们对挂单者跳槽表现出来的雍容大度更值得赞扬。他们有这个本事：你不干我自己来干！盛名之下，其实能副。君去也，自有人来，其实大可不必介意。在建筑设计这个行业中要想发展，设计、创作有所成就，终须一悟。不体悟个中三昧，难成正果。年轻建筑师长年累月，磨砺求索，一朝彻悟，心高地广，几乎必然另有所图，完全可以理解，许多老板也是这样走过来的。江山代有才人出，雏凤清于老凤声！这种趋势成为常态，是大好事，只有成熟的社会环境才会允许其成为常态。不过建筑师自己开事务所，又管公司、又做设计，几年、十几年、二十几年下来，庙大僧众，功成名就，实属不易，业界之大，能几人欤？大部分设计公司不温不火，温饱无虞。有的靠成熟套路加施工图，一个“土地庙”搞到一二百人，依然过得十分滋润。至于岁难时艰，因应屈伸，忍辱负重，得免危厄，其中甘苦，不足为外人道也。因而相当一部分成熟的建筑师，既不甘久居人下，又不耐繁剧，未即自立门户，当起“挂单和尚”，行走于各门派之间，广阅历，长见识，多磨炼，迎挑战。或投拜名师，得其耳提面命，醍醐灌顶，更上层楼；或砥砺同侪，别开慧眼，相得益彰，各舒其致。皆比久居一隅，只陪一个老和尚念经，要早成正果。

外来的和尚会念经，现在依然如此。君不见当年国门初开，境外建筑师蜂拥而入，甚至一些小混混，假托英联邦大学文凭，投身某洋建筑设计事务所，也煞有介事，装模作样到中国来充大佬，最是可恼！20世纪80年代某年某月某日，一“外来和尚”在北京天文馆开讲世界建筑潮流，历数大小流派几十种，大多不知所云。有京城建筑界某大伽为其翻译。讲到第十大流派，命名曰“青春美丽豆派”，众皆愕然。翻译大伽来了精神，洪声大嗓解释：“就是青春美丽疙瘩疱，建筑立面上有许多小凸起。”满堂哄笑不已。笑骂任人笑骂，癫狂君仍自为之，依旧揽大把项目，占高端市场。其实相当多的境外建筑师靠一招一式，靠卖自己也似懂非懂的所谓“理论”，赚了个盆满钵溢。平心而论，就这些戏说和三流招式也给我们带来新风，使我们长了见识，更何况不少世界级大师带来惊世之作，展现了世界建筑设计发展现状，影响了我国建筑设计后来的发展。当然我们也为此付出了不小代价。落后不仅要挨打，还要挨涮。至今忆及，犹难以释怀!

海归建筑师或开宗立庙，或游方挂单。早期前者居多，近来后者占先。虽水平参差，良莠不齐，取得的成就有目共睹。与此同时，本土建筑师也有大放异彩者。这个阶段的设计市场中，想靠一招一式打遍天下，就算是天下第一的招式，独占鳌头，也殊非易事了。建筑设计市场已高度发育分化，对外开放和市场成熟促使我国建筑设计也有了较大提高，设计手法也更趋成熟多样。这是我国的建筑设计行业进入了一个全新发展阶段的标志。

建筑师事务所或者超大型的国营、民营设计公司，基本的生产单位还是师徒组合，或有经验、有创意的设计师与负责把构思实现为方案的设计人员组成团队。再大的公司也必须分解成这样的基本单位。这种组合可以相对固定，也可以适应项目相继重组。如果这种基本团队称作小庙，住持相对固定，有几个游方和尚来挂单，于团队、于来者都有好处。贝聿铭先生从哈佛大学建筑系研究生刚毕业，就到泽肯多夫公司的设计单位任主管，他从母校招来几位英才，有的共事几十年，有的不久即自创公司，均有所成就。既然学校培育不出大师，欧美正在试验师徒制。意大利的建筑学院除授课外，甚至允许学生在家自学，完成课程设计作业，或去设计事务所打工、实习。教授图省时，学生带自己的课程作业去学院或教授家中。这些做法，我们又何妨一试。创作需要有悟性，无论中外，开业立庙，游方挂单，均不失为同道交流、互相启迪悟性之一法。

再说说洋方丈、洋挂单和尚。“9·11”恐怖袭击中倒塌的纽约世界贸易中心双子塔是美籍日本建筑师山崎实的建筑设计事务所设计的。事件前几年山崎实已去世，接任总裁的是美籍华人建筑师顾永刚。顾先生是前国民政府外交总长顾维钧的侄子，之江大学建筑系毕业，注册建筑师。1948年赴美国深造，建筑学硕士。毕业后在几家建筑师事务所工作，不久加入山崎实事务所。他参与了该公司几乎所有重要作品的设计。20世纪90年代后期，顾先生来中国开展业务。我配合他完成了大连“希望大厦”、“人民银行大连培训中心”、北京“南洋大厦”（现在的“微软大厦”）项目。山崎实事务所还参加了国家大剧院方案国际投标、宁波新机场投标、贵阳市金阳新区方案邀标，可惜无一胜绩。风格固化，人员老化，加上“9·11”事件的冲击，其业务日益衰减。大约10年前，他们一位副总裁，韩裔美国人泰尚洪来上海找我为他朋友推销在开曼群岛的房地产。泰先生哈佛大学建筑学硕士，年轻、聪明、能干。大厦之将倾，尚洪，尚洪奈如何！没有多久，公司卖给一位房地产开发商。大概两年不到，山崎实建筑设计事务所破产倒闭。一代名所烟消云散。顾先生卖掉底特律郊区的别墅，到夏威夷住公寓养老。他年近期颐，不知尚健在否。顾先生待我甚好，我获益良多，其最大的教益是：建筑师和设计公司都是不进则退，一退即溃！

手记十一

空间塑造　建筑赋形　意境营造

方案汇报文本的构思和设计介绍，各设计单位文风迥异，着眼点不同，繁简殊绝。构思要点本来只需一两句话，最好是一句话：稳、准、狠。点到妙处，即臻奇效。然而谈何容易！不得已只好引经据典、寻章摘句、填词赋诗、古文英文、参考图片、中外案例，“满汉全席”。好事者大可加以搜罗、分别门类，出门几集方案汇报万宝全书。若更有文笔佳妙、思路了得者，为人捉刀、代写书信，“需求者甚欢也”。

从近来梦笔生花的方案汇报中，隐隐现出设计对意境的追求，很有意思。艺术总是追求意境——弦外之音、象外之境。诗词文章追求之。王国维《人间词话》中说：“‘红杏枝头春意闹’着一‘闹’字而意境全出。”我谓：刘方平“今夜偏知春意暖，虫声新透绿窗纱”着一“透”字而意境全出。绘画当然讲求意境。齐白石以“蛙声十里出山泉”为题作画。一群小蝌蚪顺山泉流出，传为佳话。王国维进而把意境分为“有我之境”“无我之境”。“寒波澹澹起，白鸟悠悠下”，无我之境也。“泪眼问花花不语，乱红飞过秋千去”，有我之境也。诗词文章，两境皆有。规划建筑和景观设计则创造“无我之境”也。

规划创造空间、建筑塑造体量、景观营造意境。追求城市空间，自然与人口环境有机结合的空间时，着眼点不同，但是追求的目标一致。

规划空间有被动、主动之分。居住区、小区、综合开发区、新城区的规划，容积率、建筑密度、限高这三个指标决定了规划范围的空间形态。当然，山地、平地不同。采用容积率等于建筑密度乘以平均层数这个算式，即可大致确定空间形态。建筑密度限制最大。人的室外活动空间来自1减去建筑密度，这是规划主动空间的范围。

建筑造型首先是自我表现，其次才是协调环境。建筑用地条件基本上就决定了体量和形状。风格选择和表面处理是着力点。有人说建筑造型是戴枷跳舞，这也许不好听，穿旗袍跳舞也受很多限制。建筑大师路易斯·康侧重建筑物表面的光影效果，他的名言是光与静Light and silence，此语一出，众家纷纭，难有定解。1969年，康先生在瑞士苏黎世ETH工学院演讲，开宗明义就讲静和光大意两层内涵：一层是建筑物的光与影形成的效果；另一层是光照射在不同表面上的特殊效果固化，即所谓静，此法起源于现代雕塑。发展到现在建筑表面效果的追求，已成为广泛采用的手法。对创作特殊意境颇具效果。

创造无我之境最有效的手法来自景观设计。程序上，它是形成设计空间效果的最后一笔；手段上，它最丰富，自然的、人工的、硬质的、软质的；可供使用的植物多种多样，景观小品的形式、材质选择度极大。景观建筑的风格、主题受限也少。总之，它和依据规划建筑形成的空间和形体，与地形和气候、自然环境、植物资源，作命题作文，创造意境！它不再是简单的栽花、种草、移树、挖水池，它应该创造“小桥流水人家”“江碧鸟逾白，山青花欲燃”“肯与邻翁相对饮，隔篱呼取尽余杯”“更深月色半人家，北斗阑干南斗斜”……种种色色、大大小小的场景、意境。规划、建筑、景观“三军用命”，大有希望。

2016年6月25日于上海

手记十二

城市设计与四维规划

近来，城市设计成了热门话题。文章、讲座多多，议论纷纭。虽然还没有一个普遍认可的定义，但是其中包括的内容，各家各说各话，也已经有了不少交集，一些共识，可供进一步讨论。我认为，规划是土地所有权、使用权的控制；城市设计是城市空间的整合、创造，城市规划实践早已有之。国内文章普遍引用《周礼·考工记》：“匠人营国，方九里，旁三门……”罗马帝国大肆扩张时期，所占之地广筑城池。兵营式，方格网布局，东西、南北大道，交点处辟为广场，城墙围而护之，几为通例。古希腊城邦国家顺应自然地形而筑的城市又是另一番景象。中世纪城堡也因地制宜，个个不同。意大利共和国，商业发达，形成现代城市雏形。这几类城市空间有一个共同点：基本上都是建筑围合的被动空间。现代意义上的城市设计始于文艺复兴后期的罗马，其标志是主动地创造城市空间。

时移势易，现在讨论的城市设计已然不同于往昔，不可视为其简单的延续，但是的确肇始于罗马。我认为城市设计分为两大内容。

第一，从四维手段，即三维空间加一维时间出发来设计和改造城市；第二，美化城市空间。前者着重功能和城市发展，后者着力都市中小空间的优化。设计城市是前人为今人做的规划，也是前人、今人为后人做的规划。美化城市空间则是今人对前人规划的实现和完善，是最终效果的追求。

任何城市的初型都有其经济、政治、宗教、地理等原因，不详述。一旦形成，就有发展。发展有自发的、规划的，或兼而有之。设计城市是规划的延伸，是建筑设计的前肇，是主动的设计行为。规划及城市设计与规划者掌握的土地规模有关。从形态上讲，城市发展是房占地，地围房，房再占地，地又围房的循环拓展。以前有种说法，欧洲城市建设是院围房，中国城市建设是房围院，不无几分道理。这与西欧中世纪的封建制和中国古代的分封制有关。西欧的公国、伯国、侯国，自主为王，周围是封地，分给封臣。国王拥有的土地不一定大。欧洲许多城市历史悠久，分封之后，土地所有权基本稳定，一步一步发展，其来有自，有脉络可循。中国古代，普天之下莫非王土。秦实行郡县制。汉初有封国，不久即废。中国古代的郡、行省、道、县，辖区改来改去，城市名称改来改去，与皇权有关。欧洲小规划，中国大手笔。小规划与设计城市结合较好。大手笔规划、设计城市，容易要么乌托邦，要么失控。

西克斯图斯五世，1585年当选罗马教皇，在位只有6年，他主持的罗马城市设计方针，指导此后三个多世纪的罗马城市建设。今天罗马城市面貌仍体现西克斯图斯教皇当时定下的格局，在此基础上完善、发展、美化、丰富。罗马的城市形象丰富多彩，而且成为世界城市设计的典范、圭臬。西克斯图斯五世做了什么影响罗马城至今？其实很简单：规划了几条重要干道把几个重要的教堂、圣迹连属起来。罗马有七座小山号称“罗马七丘”。而前任教皇继承的是罗马帝国皇帝奥勒利乌斯，公元2世纪留下的城墙包围的中世纪城市，三分之一是拥挤、破败的城区，三分之二是野地。西克斯图斯五世之前，各自开发建设。前几任教皇都在城里不同范围规划，建设了街道。西克斯图斯五世在未开发的、满是葡萄园的、散布断壁残垣的荒地上布置道路，把宗教圣迹和残破的纪念性建筑，以及台伯河的港口、城门联系起来。把未开发区与城区用道路联系起来。道路走向与朝圣者走向一致，各条道路交叉点布置教堂和广场。他没有改变前任教皇的道路规划，他之后的教皇也没有改变他的规划。城市设计既简单又复杂。简单，因为目标明确；复杂，因为执行困难。后人如果全然不顾前人的考量和愿景，则根本没有实现设计城市的可能。罗马的成功，不仅得益于西克斯图斯的城市设计，更在于后人尊重前人的设计，贯彻之，实现之。这是当前谈论任何城市设计的梦魇！一个大的城市设计，其实现要几十年，甚至上百年。朝令夕改，一任一念，何来风貌何言效果？

城市设计追求空间。有街道、广场、公园……空间是界面围合的，有建筑界面、自然界面、高度控制要素。这些内容在罗马都有典范可看、可学。18世纪英国上流社会的年轻人时兴到意大利旅游、学习，主要访问罗马、庞贝等古城。只有完成这一程游学，才能算正式成年。大有中国古代“少年游冶，皓首穷经”之气概。美国建筑院校毕业的高才生，还有机会获得“罗马奖学金”，游学意大利一年的机会。我们大可效法。

四维规划，我说得有些夸张，但其实不谬。二维平面规划没有反映地形（地形图表示的地形要凭经验想象）。三维数字规划可以把二维规划数据和三维数据包括进去，而且具象。加上时间因素，根据可靠数据，可以做出更有效、更有可实施性的未来城市设计。设计城市的基本框架系统包括西克斯图斯五世的运动系统、人流，现在还有交通流及其他因素和指标。前人规划之，后人实施之、完善之，再规划之，代代相承相续，城市设计就是这样一个过程。美化城市，主要是空间界面设计一以贯之，乃成风貌。宜不慎乎！

2016年6月28日于上海

手记十三

大师的大实话

1948年秋，贝聿铭先生终于答应泽肯多夫之请，就任其公司齐氏威奈建筑设计部主管。后来，泽肯多夫同意贝聿铭先生自己的事务所挂在WK旗下。1959年还允许贝聿铭先生的事务所I.M.Pei & Associates独立承接麻省理工MIT的地球科学中心大楼的设计。正是这一项设计，贝聿铭先生顺理成章解脱了为泽肯多夫管理行政的角色，越明年，贝氏事务所独立。仍然在泽肯多夫的大楼，只需交一点象征性的房租。泽肯多夫还写了一封告别信：《致我在I.M.Pei&Assocates同事的信》。泽肯多夫写道：“自从贝聿铭加盟齐氏威奈公司，尤其是与我个人一起工作，已经12年有多……这段时间既短又长，我们见证了杰出的成就，这些成就来自设计艺术与工程技术之间充满激情、智慧和远见卓识的合作，而且与我们这家私人资本房地产企业的经济运作有关。我们一起创造了历史，留下许多里程碑。未来具有时代感的作者会将其看作对于美国建筑以及优秀设计焕发出来对生活方式的深刻影响。I.M.Pei&Assocates成为独立的事务所是水到渠成。人世间，新实体一旦成熟，在人生轨道上必须找到自己的方向和地位。”30年后，贝聿铭先生重读此信，重温旧境，依然“催人泪下”。男儿有泪不轻弹！贝聿铭先生当时已名重天下，如日中天，情真意切，尚且如此，真有点“对此如何不泪垂”。在为泽肯多夫公司工作的那些年，贝聿铭先生一直被美国建筑师协会排斥在外，不屑一顾，认为他是一位住宅建筑师。他曾不无感慨地说过：“我知道，如果我继续留在这个公司的框框里，就永远得不到自己心向往之的设计项目。”“设计必须自己动手去做。我却只为一个人工作，他需要我是因为别的事，不是设计。我变成了中间人、介绍人，实在是得不偿失。而我的手下却在享受设计。我的设计成长之路不顺，我早就应该成熟了。”对泽肯多夫的感情，对在那种环境下工作又郁郁不遂其愿的苦闷、矛盾的心情，溢于言表。贝聿铭先生初到泽肯多夫公司时，美国大城市的公寓市场上，单间套型的很少，大套型的却偏多，纽约尤其如此。泽肯多夫提出：“如果你有一个两间套公寓，你太太带一个孩子，加不出一个房间。如果你有一个12间套的公寓，生意不好，你无法把它截成两半分租出去。”他想要一个灵活的、可分可合的公寓。贝聿铭先生设计了个螺旋性方案（Helix）来解决泽肯多夫的问题：6个同心圆平面的塔楼，内3圈是交通设施和设备间，外3圈是公寓房间。公寓房间呈一块块楔形，一块比一块高，螺旋形上升。租户如果需要可以再加一块，如果需求减小也可以放弃一块。泽肯多夫很欣赏，但是并未采纳、实施。柯布西耶到纽约设计联合国总部时，泽肯多夫向他展示了贝聿铭先生的这个方案。柯布西耶问这位大老板和他的建筑师，圆形平面的公寓如何解决日照、遮阳问题。贝聿铭先生以经典的美国口吻理直气壮地回答：“在这个国家，遮阳根本不是问题，我们的建筑全部都有空调。”年轻气盛，大师当然更是如此。时间到了2006年，上海“外滩源”项目启动，我也参与此事。该项目是对苏州河、黄浦江汇合处西南一组历史建筑的保护，再利用，包括原英国驻沪领事馆和领事官邸、划船俱乐部、一个小教堂、“洛克菲勒中心”等。请国际知名设计师制作方案，贝氏事务所应邀参与。贝先生年事已高，没有来上海，由儿子和助手汇报。我问他们：“你们方案中的圆柱形塔楼是否源自贝聿铭先生的螺旋性方案。”他先是一惊，继而会心一笑，然后点点头。又问我怎么知道是螺旋性方案的。我告诉他们我读过贝聿铭先生传记，其中写到这个构思。我对贝老先生建筑设计情结之深，表示敬佩：几十年前未实现的设想，一直耿耿在念，找机会验证。也是在这期间传闻：贝老先生认为上海外滩的老建筑价值不大，水平不高。大师的大实话，此又其一也。无从求证，也不便打听。我宁愿信其为真。外滩建筑群有历史价值，没有多大建筑艺术价值，多是一些二三流建筑师的作品。

尽管泽肯多夫的告别信“催人泪下”，老贝独立前夕那股无名火今天读来也让人大跌眼镜：他对于必须不断“向泽肯多夫的副总裁解释自己手下所作所为是正确的，我们并非来自另一个世界梦想家”已经忍无可忍，去意已决。正在此时，机会来了。1959年，MIT邀请老贝本人为其设计地球科学中心大楼。泽肯多夫宽容大度，审时度势，允许老贝自己做设计，条件是责任自负。这个项目支撑了贝氏事务所独立，是公司生意、业务的起点。可惜设计并不成功，立面反复折腾，只是大路货，毫无特色。底层大堂大开敞，像个风洞，常年风不断。尤其冬天，又冷风又大，学者、教授进出大楼，手上拿着的书籍、文件常常被刮得落地乱飞。因此，大招诟病。万事开头难，大师亦不能免俗。

贝聿铭先生建筑设计事业真正起点是国家大气研究中心（NCAR）。项目位于科罗拉多州博尔德市，该项目负责人是罗伯茨。贝先生说："直到20世纪60年代早期我才又重新回到设计上来。唉，在此之前往往只是偶尔看看跟我工作的建筑师的工作，有时参与一下构思，画几笔探讨想法，或者帮助设计者明确他自己的设计方向。然而真正主持设计则是在20世纪60年代初接受NCAR设计任务后，再次全程参与……那时我才重新认识到每项设计都有强烈的个性——不是想方设法表现设计者自己强烈的个性，而是建筑师竭尽全力去探索如何使建筑与其特定环境相融合，从而形成的作品的个性和自己的个性。"这一番感悟是关键性的，从此植入他后来作品的精髓中。正因为如此，对这个项目要详细叙述。

罗伯茨把NCAR放在距离博尔德市外不远的自然保护区的山顶台地上，在附近怪石嶙峋、寸草不生的环境中，要体现大气研究是远古洪荒与现代科学相结合的理念，还要表达出他的信念：科学发现是一个偶然的过程，充满资料、数据、人才、理念的"奇遇"。"我要的建筑不再有走廊。它复杂，紧凑。在一个个分隔的空间里，小组聚在一起讨论。这幢建筑激发奇遇。混沌无序是创造发明不可分割的组成部分。我要的建筑应当几分混沌，能激发随机碰撞。如果你想从A点到B点，至少有五种选择，绝无一种导则指出哪一条路径最佳。”

贝先生做了很多方案都通不过。罗伯茨倒也宽宏大量：混沌中也，慢慢来。贝先生发现自己原先的作品都在城市环境中，周围是其他建筑，大体是协调的。而NCAR孤零零地处于山顶台地上，突兀其间，无依无靠，很难与周围环境协调。于是，他把建筑群推进到附近山体边上，从博尔德城外望去，建筑群若隐若现。他又刻意把山下通往台地的道路拉长，蜿蜒曲折呈半环状，步移景异，建筑群呈现不同的形象。很快老贝思路一变，结果判然不同！方案马上通过。罗伯茨甚至说：“我爱上它了！”老贝大受鼓舞。他进而采用附近的岩石粉碎成细骨料和粉料加入混凝土，整座建筑的颜色与附近山石非常接近，融为一体。这一套完整的规划设计手法和细部做法在后来的设计中延续下去。他设计的华盛顿国家美术馆东馆，根据所在的梯形地段，规划成包含两个直角三角形的梯形，根据与西馆入口的轴线确定东馆主入口位置，根据三个小型展厅的位置在大三角形的三个顶端升起三个四棱柱。包含图书馆和研究室的小三角形的高度与三个四棱柱高度取齐。建筑造型就这样决定。贝先生按NCAR如法炮制。东馆外墙面采用西馆外墙一样的田纳西州大理石。西馆建于30多年以前，当年的采石场早已关闭。为了东馆，重开采石场，把当年的主管请出来负责开采。老贝又把大理石碎料掺入东馆内部的混凝土墙、梁之中，以求协调。东馆大获成功。但是贝先生非常冷静，而且非常诚恳。说自己在东馆的设计中进一步体会到：建筑设计从使用者在其中的体验入手，又是一条拓宽思路的途径。他的传记作家在最终评价东馆时写道："当然，国家美术馆东馆并非革命性的杰作。贝先生本人也坦承其为以往作品的一种提炼。就此而论，他本质上是个保守主义者。不过他的保守主义特别地老到、熟稔。"这一段很重要，原文如下："To be sure，the East Building of the National Gallery is not revolutionary architecture. Pei himself was candid about being a refinement of what had gone before. And in that，he showed himself to be a quintessential conservative. But his conservatism was of a particularly deft sort."大师的大实话让我们明白：优秀建筑师或者有革命性创新；或者走传统路线，手法老到，游刃有余。

弗兰克·盖瑞设计的西班牙毕尔巴鄂古根海姆美术馆，落成之后，一时名声大噪。有关设计的传闻、八卦多多。此君在回应业界对他原先几个构思的质疑时，说的也多是大实话，有些话颇为直白，也颇供玩味。盖瑞霸气十足，全无贝氏之谦和。但就事论事，单刀直入，毫不回避遮掩，大师风范则一也！

这个项目是急就章方案竞赛中标。1991年7月5日，盖瑞访问毕尔巴鄂。7日上午踏勘现场回到旅馆，在酒店信笺上面画出构思：一个开敞的公共空间、一个水庭院、一个美术馆，角上摆一个雕塑造型的餐厅，形式酷类一条鱼。美术馆由非常醒目的坡道进入，毕尔巴河大桥东边两个桥墩插入水中，斜的桥面像屋顶一般。这些功能元素也是造型要素，盖瑞排布的方案令人想起他1984年设计的新奥尔良市世博会临时性半圆形剧场：升起的观众席贴河岸边，一艘驳船停靠一侧作为舞台，两个钢桁架作临时台口……何其相似乃尔！后来有记者委婉问及。盖瑞毫不介意，大方承认确有其事，还就此发了一大通感慨：“当时我没有意识到毕尔巴鄂古根海姆的方案与我以前作过的东西有什么关联。”“你知道，我只注意眼前的场景，我要使它生动。我怎么想就怎么设计，我的设计就是对看到的场景的反映。后来我认识到这是我以前作过的类似方案，可能是吧。因为你跳不出自己的语言。你一生能发明多少新东西？你把现成的东西放上台面，因人因时因事制宜地稍加改变，就有上佳效果。”何其快人快语！敢想，敢说，敢干！能如此做设计何其快哉！

还有个女中豪杰，2016年去世的伊拉克裔英国建筑师扎哈·哈迪德。她在中国有很多作品，知名度非常高。有一次她接受记者采访，兴致盎然谈论自己的作品之后，记者想同她探讨其设计思想。扎哈顿时一脸严肃，正言作答，其意若曰：都说艺术界流行解构主义是德理达率先倡导，其实我在他之前早就提出来了，我的作品就是明证。君子行于世，立功、立德之外，更欲立言！古今中外盖无二致也。率性直言则更为可贵。

2016年6月30日于上海

STEM

《建筑实录》前几年提出STEM建筑教育"大纲"，意谓应从科学(science)、技术(technology)、工程(engineering)、数学(mathmatics)这四个方面去培养建筑系学生和青年建筑师。我有些不得要领，这些学科但凡人都应该学，尤其现代人更应该学。中学到大学也都在教、在学，建筑系学生当然不能例外。既如此，何必单就建筑师而强调之。再说学好这些学科就能成为优秀的建筑师吗？显然未必。数、理、化考分很高进入建筑系，而后建筑设计未必好的大有人在。

长知识、学手艺、涵修养、广学问，是建筑师一生的追求。但是学手艺好像不是在大学殿堂就能练就的。曲不离口、拳不离手的行业要靠自己练，天天练、月月练、年年练。逆水行舟，不进则退。有些事情是回避不开，绕不过去的，不练不会、不练不能提高。也许有朝一日电脑代人设计建筑，几条指令发进去，顷刻万事大吉，但是目前办不到，不远的将来也办不到。近来围棋人机大战，"阿尔法狗"两度取胜世界顶尖高手，也许不远的将来能办到，至少现在还办不到。

《建筑实录》向来务实，鲜发空论。所刊作品多为建成者，出版及时，内容翔实，评论客观公允，数据准确，简明扼要。近年来世界经济不景气，建筑业受影响，可供刊载的优秀作品不多。滥竽充数的东西屡有上刊者，素面朝天，索然寡味，殊异昔日。向来尖锐的读者来信，专家时评，变得平淡无味，殊鲜亮点。至有STEM之大实话，大白话亮相，故作惊人语，也无足为怪了。不过到底哪些技能是建筑师必备的，STEM不一定行，谁又开得出一张在建筑设计行业中大体通得过的几个应知应会，必精必通的科目单，精到恰当，行之有效。我看难。很可能人言人殊，各行其是，条条道路通罗马，就看你走哪一条，没有标准答案。因此，办不到的事就不要去勉强。建筑教育的基本内容应当遵循，其余则大可不必强求一律。

前辈的朋友、校友S先生（姑隐其名），中央大学建筑系毕业。学业尚佳，设计不灵。后来在香港改行做房地产，搞建筑业，赚了些钱。老来移居洛杉矶。一次在他府上小聚，三杯酒下肚来了精神，抚今追昔讲起他在香港学京剧、当票友的往事。老先生出手阔绰，拜余派传人，大名鼎鼎的“冬皇”孟小冬为师。两年下来学了几出戏，自己最得意《捉放曹》，唱陈宫。听他边说边哼，好像还真有点像。有一次跟冬皇学戏，唱高兴了，情不自禁走动起来，摇头晃脑，抖髯口……正得意时，冬皇突然变颜作色，大喝一声：“不会动就不要乱动！”S先生牢记恩师教诲，从此唱戏再不敢乱动。洛杉矶聚会不久，S先生回北京过了一把票友登台的瘾，了却平生夙愿，请“活曹操”袁世海老先生配戏，陪他唱一折《捉放曹》。我没有看到他登台唱戏。他回洛杉矶给我放了录像。扮相不错，髯口、青衫，煞有介事。唱功更好，行腔吐字，中规中矩。“一轮明月当空照，陈宫心中乱如麻……”唱下来，身体几乎不动。苦了袁老先生，也一动不动听他唱。袁大师是否同意冬皇的教法不得而知。看完录像我觉得还是不动为上。无他，藏拙，至少不贻笑大方也。

没有十分把握，还是谨慎些好。京剧唱、念、做、打，也是四大基本功，练好就可登台。练精了，凭天赋，又有个人特色，堪为名家。STEM则不然，学得再好也不能保证创意妙、设计好。

2016年7月4日于北京

谋定而后动　算清再画图

规划、设计如带兵打仗，谋略必须先行。此谋略无他，构思也。功能、造型、大框架，成竹在胸，斫轮老手谈笑间即可画成草图。但是此草图粗率，潇洒有余，准确不足，未必可具以深化。而数据最有说服力。用准确的数据指导、规划、设计草图，在此基础上，凭借经验，发挥想象力，方能顺畅、高效地完成有根有据的构思，事半功倍，有条不紊。“工欲善其事，必先利其器。”计算数据须选择算式，设计过程中运用几个简单的算式，计算出几个关键指标，之后的工作一步一个脚印地进行，快捷、准确地臻于完善。轻松、惬意，把简单繁杂的程序性工作消解几分单调、无聊。

规划有三个主要指标：容积率、建筑密度、平均层数。

设容积率为F，建筑密度为D，平均层数为N，则：

$F=DN$，$D=\frac{F}{N}$，$N=\frac{F}{D}$。这是基本算式。掌握其内涵，开发其应用，大有益处。取地块a为例说明其推导。假定规划给定容积率为1，建筑密度是100%。若把地块a满盖1层建筑，则$D=1$，即100%；

$F=1$；$N=1$。再假定规划给定容积率为$F=5$，建筑密度$N=25\%$，则可算出平均层数$N=20$。其余类推。容积率和建筑密度是规划主管部门给定的，而平均层数是规划设计的结果，随建筑密度变化。容积率一般不能变，规划设计一般不能超过建筑密度，在这种条件下，建筑密度越低，平均层数必然越高。一般会设定容积率为系数，上述算式就是建筑密度和平均层数的函数。算出几组数据，很快确定平均层数和建筑密度，有把握地进入下一个设计阶段。还可以用这个算式编一个小程序，在电脑中输入拟选用的各种建筑单体的平面，分别设定层数，图表随即表示使用了多少容积率，多少建筑密度，还余下多少可用。一边布置，一边出数据。用草图大师还可以同时做出三维图形，则更加一目了然。根据日照条件、退界、景观构思等其他条件，加以调整修改，既形象，又快又准确地完成了一个方案，很快就可以做出第二、第三……方案，以供比较决策。

采用这种方法做规划、建筑设计需要技术积累。比如选择的住宅，楼幢的套型、商业设施的类型。又比如尽量切合本项目用地条件，控制对周围建筑的日照遮挡，在可实现范围内合理选择建筑层数和建筑密度。为此也可以编几个小算式。层高、进深、日照间距都影响容积率。设容积率为F；层高为H，进深为mH，m是经验值，表示是层高的几倍；层数为N，建筑高度为NH；日照间距系数由规划主管部门给定，根据当地纬度、日照标准而异，设为R，则算式为：$F=(mHN)/(RNH+mH)$，化简后为：$\frac{1}{\frac{R}{m}+\frac{1}{N}}$，设$m$为5，$N$为

30，R为1.6，则$F=\frac{1}{\frac{1.6.}{5}+\frac{1}{30}}$考虑建筑两端退让，假设取0.9系数，则为0.9×2.587=2.33。用这种方法可以准确计算个别关键地块上单栋建筑的容积率，再折算进总容积率。

还有一个容积率分配算式也很有用。开发一块地，其中既有高层住宅，又有多层花园洋房，有联排，有别墅。规划给定的是总容积率，总密度。如何从一开始就很快确定各种类型建筑地块的容积率和地块面积的组合，既符合总容积率，又满足各类建筑的面积要求和用地指标，是非常关键的一步。我们先把容积率分为两类：总容积率和地块容积率。再把各地块面积换以总面积为1的比值。设总容积率为F；地块容积率为F_a，F_b，F_c，F_d；地块面积比值为D_a，D_b，D_c，D_d。则算式为$F=F_aD_a+F_bD_b+F_cD_c+F_dD_d$。

总容积率是规划主管部门给定的，假定为2。地块a，b，c，d的占比皆为0.25；a地块为超高层，地块容积率为6；b地块花园洋房，容积率为1.6；c连排容积率为0.8；d别墅容积率为0.4。

则F=0.25×（6+1.6+0.8+0.4）=2.2。容积率超0.2。高层住宅售价最低，0.2从其中减去。先换算成高层地块容积率：0.2/0.25=0.8。

调整后的高层容积率为：6−0.8=5.2。

验算：F=0.25×（5.2+1.6+0.8+0.4）=2。完全符合要求！

用此算式可以根据经营测算要求很快算出几个方案备选。一旦其他条件有变，又能迅速做出调整，又方便又准确。各类型地块的容积率指标是经验指标。各类型住宅的类型容积率构成一条

“类型链”：

别墅	双拼	临边界	联排	花园洋房	小高层	18层	30层
0.3 / 0.35	0.4 / 0.45	0.55 / 0.6	0.65 / 0.7	1.3 / 1.5	2.6	4.0	6.0

这些容积率是地块容积率，或称净容积率。应根据各地情况、地块形状和周边条件调整。这些经验数据最好记牢，做起规划设计便会方便很多。

2016年7月5日于北京

数据的现实意义

人站在地面上，影响建筑群空间感的主要是建筑密度，而不是容积率和建筑高度。容积率为10，建筑平均层数30层，高度100米，密度33%，人在其中的空间感觉很拥塞；容积率为10，建筑平均层数60层，高200米，密度17%，空间感觉比前者好得多。就居住建筑群而言，10%左右是舒适密度，15%左右是理想密度，20%是适中密度，25%是临界密度，大于这个密度就有拥塞感。商业建筑项目一般给定密度45%—60%不等，它追求聚集人气，追求熙来攘往的氛围。更主要的是店面价值最大的在首层，而且面积相同的店面，临越宽越好。商业地产开发商往往追求建筑密度最大化。规划主管部门不得不加以限制。以往商业建筑规划手法不一样，商业居住综合体一般会把商业建筑与住宅建筑群适度分开，保证居住区域的空间质量。

住宅小区规划，受容积率和朝向的制约，往往采用行列式，为了节约用地不得已而为之，一时难以改变。东西宽，南北窄的地块，利用效率较高，在日照和卫生、消防间距容许的情况下，应尽量增加一排建筑，提高容积率。再选择几个适当部位各取消一幢，地空出来做景观、活动场地，增加均好性，减轻局促感。将欲取之，必先与之。排布之先，深入考虑，才有理想的结果。地块的面宽进深比影响容积率，因此应凭借数据先做判断。

面宽决定格局。住宅的平方米布局通常受限多多，面宽是决定性因素，它既影响容积率，又决定住宅的品质。一旦决定，不宜改动。即使想改，余地也小。住宅套型由主卧、客厅决定面宽结构。以一个200平方米的住宅为例加以说明。客厅面宽4.8米、主卧3.9米、书房兼客人卧室3.6米、总面宽12.3米。进深200/12.3=16.26米，偏大，其余房间不好布置，黑房间多，而且无效面积多。好处是增加容积率。若增加一间面宽3.3米的次卧，总面宽变为15.6米，总进深变为12.05米，其余房间的相互关系改善，无效面积减少，效果大不一样。美中不足的是影响住宅小区的容积率。由此又可以明白，住宅进深是一个限制性因素。因为住宅南北房间的平均进深5米左右，加1.2米，最多1.5米的走道，进深不过11.5米。通称“大面宽，小进深”，很受欢迎。这里有个误解，不是“小进深”，而是“合理进深”。因此，住宅户型平面设计的原则是：在容积率控制下按合理进深，决定面宽组合，因此说面宽是决定性因素。评价一个住宅的平面设计，看它总面宽与进深的关系，主朝向房间面宽是否合理，即可判其优劣。140平方米左右的住宅，加上公摊，已接近150平方米。若是一梯3户的端户型，北端还可以加些面宽，适度减小进深，较为理想。若一梯2户，进深必大，不如前者。无论哪种布局都是面宽决定格局。作户型设计，或者选房、购房，必须先考量之。面宽搭配很重要。起居厅决定档次、品位。4.8米面宽的起居厅，搭配3.6米宽的主卧，“门当户对”，效果尚佳。3.9米的主卧亦可。5.1米面宽的起居厅很尴尬，集中布置家具太宽，分区布置家具又显得小，太局促。这种不上不下的尺寸叫“面宽冗余”，是一种极大的浪费，而且大大降低住宅品位。因此各个房间的面宽还应按家具尺寸、尺度和房间的尺寸、尺度综合衡量，才能决定。住宅户型设计水平可采用“套型面积主面宽比”和“主面宽构成”这两个指标综合考量，大致就可以控制。

面宽决定格局，进深设计也很重要，进深设计更见功夫。设计能力包括两个方面：控制全局和处理难点。规划布局控制全局，建筑平面设计控制格局，面宽设计和进深设计就是处理难点。确定面宽，设计者还有点主动性，而进深设计智能被动地处理剩余面积和空间，因此更难，尤其大进深设计。被南北房间夹在中间的面积，往往形状不规整，大而无当。不过设计亮点处于难点！如果能统一处理天花、地面，辅以照明、家具，则有可能把难点变成焦点。建立各房间之间的功能联系和空间关系，控制体型系数——这是节能设计的要点——也要靠掌握进深。

住宅管线、管井布置宜标准化，而且应尽量先定位。户型布置应尽量配合，不宜平面布置大致完成后才去考虑。布置管井、管线一定要考虑维修方便。许多住宅的管材质量不高，尤其是水管和管件，滴水、漏水，司空见惯。任你精装豪宅，未必侥幸得免。再不考虑维修方便，水漫金山之时，业主大骂万恶的开发商，开发商骂施工队，设计公司也难辞其咎，遗患岂不大矣。

过度设计是一个极大的问题，普遍存在。过度设计、过度装修，既俗陋，又浪费。住宅由3部分构成，使用面积、固定家具、陈设和活动家具。前两项由开发商提供，由设计师设计，后一项由住户自己安排。空间不多讲，固定家具主要是储藏空间和卫浴设备，要保障居住生活的基本要求，同时保证活动空间简洁、明快、比例适当。而陈设和家具的选择及布置则是住户品位、意趣和格调的体现。空间是基本平台，好用、够用、称意即可。一般住宅的房间，只要墙面淡雅高洁、清爽宜人，天花、地面平整、光洁，角线挺直即可。门窗只要气密性好，洞口尺寸比例恰当，材质上乘，工艺精良即佳。大可不必去刻意追求什么装修风格，风格很难设计好。建筑师还有一个重要的本事，知趣、藏拙。牵涉视觉形象的设计，虽处处小心，但稍有不慎，即生瑕疵，甚至出洋相。大而化之者，以为风格抄抄拼拼即可，殊不知风格设计须反复推敲比例、尺度，有时还要参考实例的尺寸才能敲定。建筑师最好记住一些经典建筑的尺寸，记住一些经典的城市空间的尺寸。设计作为可靠的参考。风格与实际尺寸绝对分不开！图纸上的尺度关系与建成后的尺度感觉可能差异很大。天坛祈年殿高35.77米；正阳门箭楼高35.94米；前门高39.5米；天安门高33.7米，宽120米；景山建筑最高处62.998米；鼓楼45.77米；钟楼47.95米。这一系列高度控制北京中轴线城市形象。天安门广场大致宽300米，长500米；人民大会堂高40米，宽300米；革命历史博物馆也高40米。新老建筑协调，共同形成的广场也协调。西长安街上，电报大楼高75米；民族宫高67米；广播电视大楼高86米；军事博物馆高90米，又是另一种景象。这是20世纪七八十年代北京的城市形象。加上天宁寺塔高53.38米，北海白塔高67米，白塔寺塔高58.5米。掌握这些数据，北京老城区的空间形象，心中大致有数。城市设计能到这一步，应该是成熟的建筑师。

根据环境把比例、尺度推敲好，建筑就应该美，大可不必再去堆砌。堆砌就是过度设计！更何况开发商和建筑师的风格偏好、审美意向，代替不了业主，何必自作多情，越俎代庖。解决之道，在于“中性设计”。平面较规整，立面简洁，色彩淡雅，风格折中，个性不强烈，受众较广。再说普通住宅层高都不高，若再做凹顶，挂吊灯，顶角又做层层线脚，几乎伸手可扪，空间顿觉低矮，比例严重失调，俗陋不堪。住宅不是厅堂，过度装修，即为失度，成为难以承受之重。外立面设计、园林景观设计大多存在过度设计问题，烦琐堆砌，纷然杂陈，不忍卒睹。凡事凡物皆有尺度，不合尺度即为失格。过度设计就是失度、失格，不会动乱动！

2016年7月6日于上海

手记十七

八卦的八卦

盖瑞的毕尔巴鄂古根海姆美术馆早已誉满全球，有一段其设计过程中的八卦流传甚广，说是他为了赶在两周之内完成投标方案，现场与主要助手Chan夙夜匪懈、冥思苦索。困倦之极，若有神助，突发奇想，揉白纸一团，往模型上丢去，即得奇佳效果，大功半矣。此段子几成传奇，在建筑圈内不胫而走。更有好事者效法之，视作神术秘方，依样葫芦。

此事真有！的确真有此事！有照片为证，盖瑞事务所用拍立得相机拍的照片（图17-1）。不过做法过程与坊间八卦不同，盖瑞在毕尔

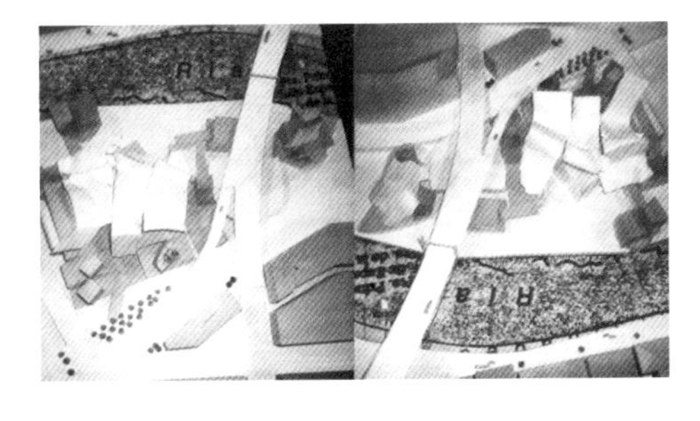

图17-1

《愚蠢的设计：二十世纪后期景观的建筑》，纽约，Leo Castelli画廊，1983年

图片来源：库斯耶·范·布鲁根，弗兰克·盖瑞. 毕尔巴鄂古根海姆美术馆[M]. 古根海姆博物馆，1998:42.

巴鄂现场考察3天，画了草图传给在洛杉矶的Chan。盖瑞飞返纽约，在彼得·艾森曼事务所一间会议室，与按盖瑞草图制作方案模型赶过去的Chan会合。两人即兴把三张纸卷成波状，放到模型顶上，就是照片所呈状况。其实，最终方案并未采用这种形状，但是沿用其思路。

两周内拿出世界大师级别的竞赛方案，还能中标，没有点存货，只求灵光乍现，有点痴人说梦。其实盖瑞此前早已孕育、凝练出自己独特的建筑语言、草图构思手法。毕尔巴鄂古根海姆美术馆的出现只是机缘巧合。不现于此，盖现于彼。盖瑞，奇人也，怪人也。许多大师创作造诣各有源出。有师法古典，巴洛克者；有师法自然、植物者，如新艺术运动；有的借鉴现代雕塑，如柯布西耶；大多数走几何变形、构成之路。盖瑞不同，他说："我认为建筑的初源来自动物形态的幻化和骨架形象的渴求。"具体而言，他常用鱼和蛇两种动物作探讨。(图17-2) 早期直接用鱼形和蛇形，既生硬，又不美，甚至令人生厌。后来逐渐构成化，又结合材料和施工技术，使之建筑化。这一过程我前面一篇文章已述及，兹不赘。但是古根海姆美术馆对盖瑞所具有的里程碑意义，在于实现了从图形符号、物形符号向建筑语言的转换！

直接用鱼形（蛇形早已不用了），尽管可以借助骨架结构使之适度抽象化，但是解决不了尺度问题。1986年，他做了一条6.7米高站立的玻璃鱼，后来在日本神户鱼舞餐厅作的鱼雕高达21.3米，可谓极致！大也鱼形，小也鱼形，走进死胡同。他困极思变。开始研究鱼形抽象化，激发出灵感。1990年7月，他说："我学会如何处理极具造型的建筑……在维特拉（Vitra）的家具博物馆有了第一次机会，开始采用这些形状。现在我把形体切割成小的、基本的形，一眼就能辨认，同时具有动感。"他反复画鱼形、鱼状，精练之、变化之。从一个形象标志的鱼形，改变成用创新材料、构架（由骨架支撑的），微光闪烁的鱼表面。在探索过程中构建双曲面建筑造型。在古根海姆美术馆，去头去尾的"鱼"转变成树叶形、船帆形，组合成一个流动、连续的，象征性的抽象雕塑，使整个建筑灵动、升华。

还有一个八卦是关于他的草图。说他故意画成扭曲缠绕，一团乱麻，是为了保密，只有少数几个助手才看得明白他到底画的是什么玩意儿。这真是"奇外无奇更出奇，八卦有卦再添卦"！还是听听大子自道。盖瑞说，他在现场画的草图只是表达项目和周边环境的

图17-2 **原理模型是在1991年7月9日Chan和盖瑞在纽约会面后出现的**

图片来源：库斯耶·范·布鲁根，弗兰克·盖瑞. 毕尔巴鄂古根海姆美术馆[M]. 古根海姆博物馆，1998:42.

关系，Chan的模型不过二维变成三维而已。他根据后来收到的补充信息和美术馆运行草案、基本组成，对着模型才开始构思，初步构思只定几个基本点，具以发展、深化。其实盖瑞常常得意扬扬地说他的草图是信笔涂鸦：“我就这样，一边想，一边画。作如此想，笔随之动。我想的是构思，几乎不去想手如何动。”无独有偶，美国雕塑家巴特也说：“把尽可能快写的事交给手，脑子根本不在意手。”盖瑞后来对其涂鸦有一段夫子自道：“我看透纸背，力图从中抽出形象构思；就像一个人沉浸纸中。正因为如此，我从来不拿它当画；也不能拿它当画。只有我专注它，它才是画。”有好事者又来一卦，进而说盖瑞的草图，笔触像冰球运动员的冰刀在冰面画出轨迹，美妙、传神！盖瑞的夫子自道，是自己八卦自己，装神弄鬼。其实质很简单：地图上几个箭头是探讨与周边的关系；信纸上的草图尝试布置美术馆几个主要功能板块的体量和位置关系。Chan的模型是二维转换成三维；三张卷曲的纸意在结合立方体和曲面，创造新颖的形体。画草图过程中，考虑位置、体量、关系，不停地变化调整，才有“龙飞凤舞”“信笔涂鸦”。盖瑞并未追求这种图面效果。其实它一点也不美。但是盖瑞在任何设计阶段都同时考虑体量、尺度、相互关系，却是大师的看家本领！而角色转换，从作者转换成读者，换一个角度思考，作者涂鸦、急就；读者则要从乱如蓬蒿的线条中解读出潜藏的轮廓深入体味、理解，发现问题、找出矛盾。“三张纸曲面”没有采用，但是立方体后来变成了曲面体。巴特亦称：“一个主题由来自不同文化背景的不同叙述，构成对话、模仿、争论等种种纷繁复杂的多重关系。但是，只要到了一个地方，种种纷繁歧义的多意性就会聚焦此处在读者，而不在作者。”

盖瑞本能地把有意、无意结合起来；把基于美术馆运行场地周边条件而作的草案与“信笔涂鸦”的初步方案成功地结合起来。甚至草图阶段完成之后，建筑师转换成读者，回看草图，创造过程仍然在继续。他也许突然发现某些形式可以添加到他的“语汇”中，也许后来又舍弃不用。一切都在于追求一个目标：“草图是工具。模型也是工具。一切都是工具。建筑作品，完成的建筑，是唯一，是一切。”“建筑设计是改出来的”，此言不虚。不是八卦，而是实质。盖瑞分阶段作不同的考量，到一定阶段换位思考、审视，再作调整修改，直至完成。这种设计方法是大师之道，值得借鉴。

2016年7月7日于上海

手记十八

毕尔巴鄂二卦

毕尔巴鄂古根海姆美术馆本身就是八卦角色的产物。盖瑞先生当然是故事主角，而古根海姆美术馆的主管克伦斯先生，更是不遑多让，绝对主角，故事多多。没有他就没有毕尔巴鄂美术馆，更没有毕尔巴鄂美术馆巨大的成功！

毕尔巴鄂市一度是西班牙最富有的城市。它的造船、采矿和银行业是西班牙经济繁荣的发动机。二战后，重工业衰退了，毕尔巴鄂的经济和城市地位每况愈下。当地政府为了振兴城市，着手开发一些文化项目。他们的决心遇上克伦斯先生的雄心，“金风玉露一相逢，便胜却人间无数”。巴斯克地区（毕尔巴鄂市位于巴斯克地区）领导人找到古根海姆基金会，要求在毕尔巴鄂市建美术馆。接待他们的克伦斯先生既是学者，又会经营，把古根海姆基金会管理得很好。他与巴斯克方面谈下3亿2千万美元的投资总规模。其中，巴斯克政府保证投入1亿5千万建新馆；1亿补贴运营；5000万用于购买新的艺术品。更绝的条款是，他们必须先付2千万不可撤回的保证金！即使项目泡汤，古根海姆基金会也不吃亏。作为交换，古根海姆方面负责从其藏品中选择组织展品，提供美术馆行政管理和运营管理的专业支持。巴斯克方面期待新馆成为毕尔巴鄂市复兴的新象征，进而成为经济中心和文化中心。他们还有更深一层的期望，解除内战之后的文化压制，遏止分离甚至独立倾向，从此走向新的发展之路，重新与世界接轨。

克伦斯先生有自己的打算：古根海姆美术馆全球化！毕尔巴鄂是面向欧洲的前哨据点。他想方设法冲破其他董事坚持古根海姆美术馆只在美国国内的限制，签订毕尔巴鄂美术馆合同之后声称："我得到了梦寐以求的东西。"他追求美术馆建筑本身成为美术馆第一件展品，镇馆之宝。要求其造型有悉尼歌剧院的神韵，或者此类独具特征的造型。克伦斯要求盖瑞设计毕尔巴鄂古根海姆美术馆要像馆藏作品的艺术家一样，把自己当成艺术家。他要突破传统美术馆展室中性的、退让的、不影响展品的消极空间，创造积极配合作品的奇异空间。他还要世界最大的单间展室，作品的尺寸越大越好，更按展室形状和尺寸定制作品，也按作品尺寸定制展室。索尔·勒维特的作品是由令人眩晕的色彩几何构成；珍妮·霍尔泽布置了许多电子信号柱，发闪红、蓝光束，令人目不暇接。

克伦斯先生深信，许多现代艺术作品的尺寸越来越大，常规展厅根本无法接受。因此，展厅必须越来越大，才不妨碍展品布置，并充分展现作品内涵。它最大的展厅长137米，宽24米，带天窗和横空而过的飞梁。理查德·塞拉的雕塑——《蛇》，是三片长31.7米蜿蜒的钢构墙面，重174吨，就定制来布置在这个展厅。罗伯特·莫里斯的雕塑——走进“迷宫”和7.2米×10米的铝工字梁雕塑，都由人工安置在地板上。有的还要用叉车搬运，入口中庭尤其惊人。通高50米！克莱斯·奥登伯格和库斯耶·范·布鲁根的布面油画《软板羽球》长7.3米，垂挂下来，飘飘洒洒。中庭处开敞，可见周围的青山和建筑物，外面也能看进中庭。所有的空间都超乎寻常，巨大无比。建筑方案国际招标。盖瑞此前已经完成了古根海姆洛杉矶美术馆，获得邀请乃情理中事，更不难看出盖瑞后来中标的玄机。另外两个投标方案和盖瑞的方案（*图18-1、图18-2、图18-3、图18-4、图18-5、图18-6*），你若是评委，你选哪一个？

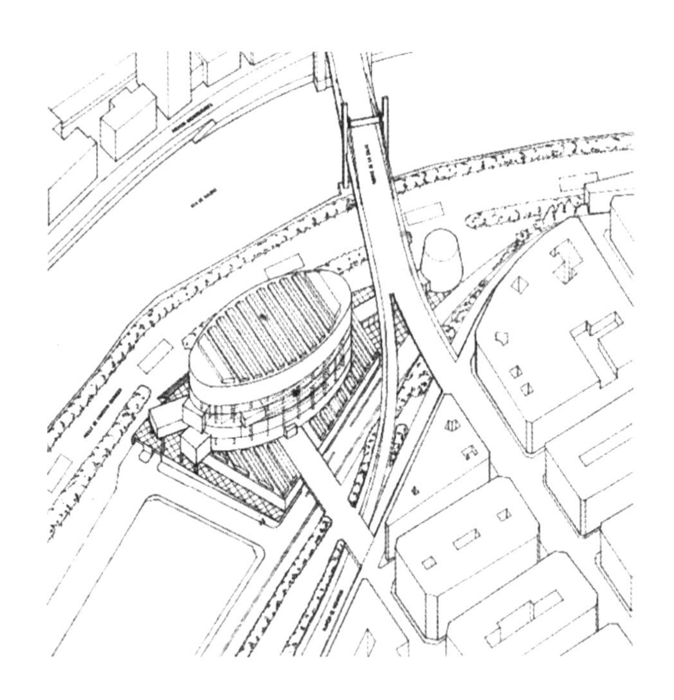

a | b

a *图18-1*
b *图18-2*
矶崎新（Arata Isozaki）
参加毕尔巴鄂古根海姆博物馆设计竞赛，1991年7月
图片来源：库斯耶·范·布鲁根，弗兰克·盖瑞. 毕尔巴鄂古根海姆美术馆[M]. 古根海姆博物馆，1998:26.

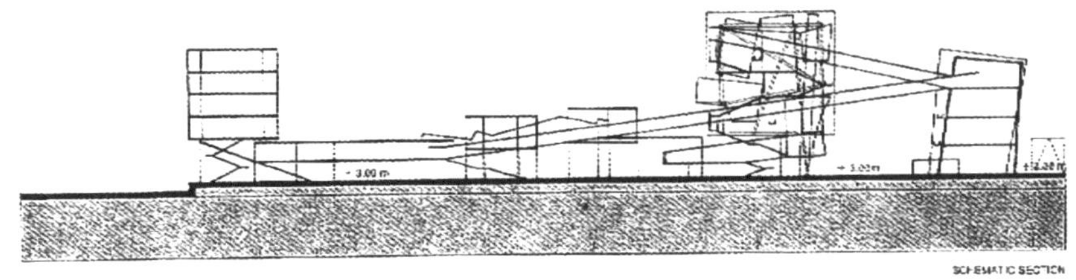

SCHEMATIC SECTION

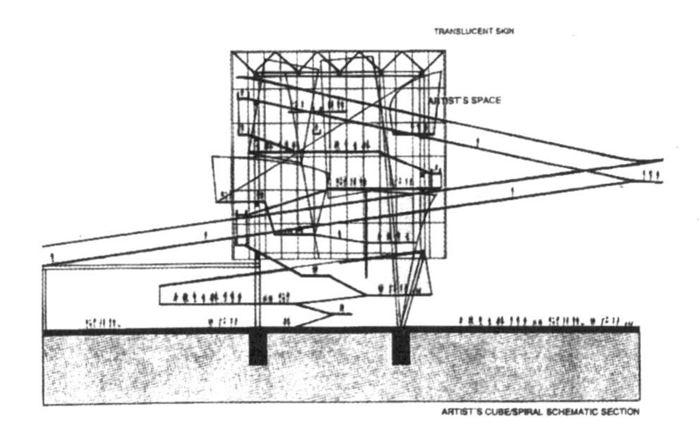

ARTIST'S CUBE/SPIRAL SCHEMATIC SECTION

a | b | c

a 图18-3
b 图18-4
c 图18-5
蓝天组（Coop Himmelblau）
参加毕尔巴鄂古根海姆博物馆设计竞赛，1991年7月
图片来源：库斯耶·范·布鲁根，弗兰克·盖瑞. 毕尔巴鄂古根海姆美术馆[M]. 古根海姆博物馆，1998:93.

图18-6

宝丽来展示完成的示意模型，7月15日

图片来源：库斯耶·范·布鲁根，弗兰克·盖瑞. 毕尔巴鄂古根海姆美术馆[M]. 古根海姆博物馆，1998.

美国著名建筑评论家赫克斯特布尔，1997年10月16日在《华尔街日报》上发表了一篇评论，标题是：《古根海姆Bilbao美术馆，艺术与建筑融为一体》。她在该文结束处写道："毕尔巴鄂古根海姆美术馆是建筑与艺术结合最具有代表性，因此也是当今世上最美的博物馆之一。"可是此文开头却是这样："你在巴斯克北部的这个城市里，绝不会错过古根海姆美术馆。星期六（1997年10月18日，作者文章发表后两天）将正式开馆，西班牙国王、王后将莅临盛大的仪式。国际艺术界巨子、社会名流、商界大亨将云集出席。本月早些时候，巴斯克官员已经举行了一个低调的交接仪式。毕尔巴鄂人涌入广场，走下大台阶，有的跨过内尔韦恩桥，来到仪式现场，直到深夜。人们在这个不同寻常的建筑中走进走出。夕阳的余晖给毕尔巴鄂美术馆镀上一层金光，它就这样突然地、令人错愕地降临。其种种怪异被遗忘了。"赫克斯特布尔是权威建筑评论家，说得很客观。赞美之余，毫不客气地点出其"种种怪异"，不为名家讳，羞作违心之论。巴斯克官员对花巨资的项目效果如何，忧心忡忡，低调开张，喜出望外的心态，被她不着痕迹地寥寥几笔，点得活灵活现，皮里阳秋，何其委婉！

搞怪有用，也有限。搞怪也要会搞，这一点尤其重要。盖瑞是搞怪老手，有积累，有经验，有业主的搞怪需求，有当地文化艺术背景，离谱也无关宏旨。扎哈在中国接的一些作品，不知道是她从哪本素材本上拣出来的东西，我们以为新奇，其实陈词滥调，勉为其难。盖瑞的毕尔巴鄂美术馆虽怪，却是物有所值，甚至物超所值。八卦也有性价比，宜不慎乎！

2016年7月8日于上海

梦笔生花与霸王硬上弓
——漫话大师的风格

我费了好大劲也没有找到盖瑞大师的构思说明之类的文字，不管哪一项都未找到。他去毕尔巴鄂考察现场是1991年7月7日，看完回到旅馆，在巴斯克地区文化部部长阿拉姆布鲁先生饶有兴趣的注视下，拿起大红毡头笔在毕尔巴鄂市地图上，围绕新馆选址画了三个大箭头，一个箭头一段文字。（图19-1、图19-2）北面的重点是“从河对岸看新馆立面和水面”；西南面的重点是“与老美术馆强烈的视觉联系”；东南方向的重点是“从市政厅桥看过来的视觉形象”。诚惶诚恐的部长先生若有所思，做何感想不得而知。盖瑞先生还画了几张天书般的草图，尝试布置美术馆的主要部分，探讨与城市的关系。半个月后他中标啦！盖瑞是古根海姆基金会主管克伦斯先生请来的，克伦斯是毕尔巴鄂市的贵宾。霸王硬上弓，不跟你废话，大爷我有这个底气！

1989年，库哈斯参加巴黎法国国家图书馆方案竞赛，其中含设计构思说明，是否库大师手笔不得而知，写得很有意思，不长，摘译如下："图书馆可以解释为信息的实体化，所有各种记录形式：书籍、激光盘、缩微平片、各种电脑文件的储藏室。"在这个大信息实体中的空洞，就是公共空间，可以解释成浮动在书架中的许多胚胎，每个胚胎各带技术支持的胎盘。既然界定为空洞，各个阅览室可以按自己的逻辑体现其特点，独立且互相不同。当然，也受限于立面材料。建筑通常受的限制，包括地心引力。总而言之，他们表达了一系列的空间体验，突破传统，尝试新奇。写的人大概不做方案，更不做设计，具体问题语焉不详，却扯上什么"地心引力定律"。库哈斯先生的方案没有中标。中标方案的构思叫"一本打开的书"。构思当然可以用比喻。比喻有明喻、有暗喻。暗喻有提炼，有内涵，比明喻意蕴丰富。建筑表内涵，传神韵，以取暗喻为佳。有把图书馆比作"思想的容器"者。比库氏胚胎之喻要高明。以虚喻虚想象空间更大，探索的余地更宽；以虚喻实亦可接受，不至于作茧自缚；以实喻实最笨，而且吃力不讨好。某艺术中心请洋人做方案，以白玉兰为喻，盖起来像个老式脚盆。法国国家图书馆以"打开的书"为喻，而且真照说的干，4幢L形平面玻璃塔楼，高39米，一光二大，成为笑柄。国内图书馆也有沿用这个构思的。

库哈斯学哲学、社会学，长于分析构思，多有新奇之论。梦笔生花虽不中标，但构思的方法可参考。盖瑞霸王硬上弓，不来什么明喻、暗喻。无论什么项目，先按功能、环境排布开来，几番调整后，搬出老本钱，立面就上他的"鱼皮壳"，变化各种双曲面，适应不同作品。既是大师，总有一手绝活儿吃饭。

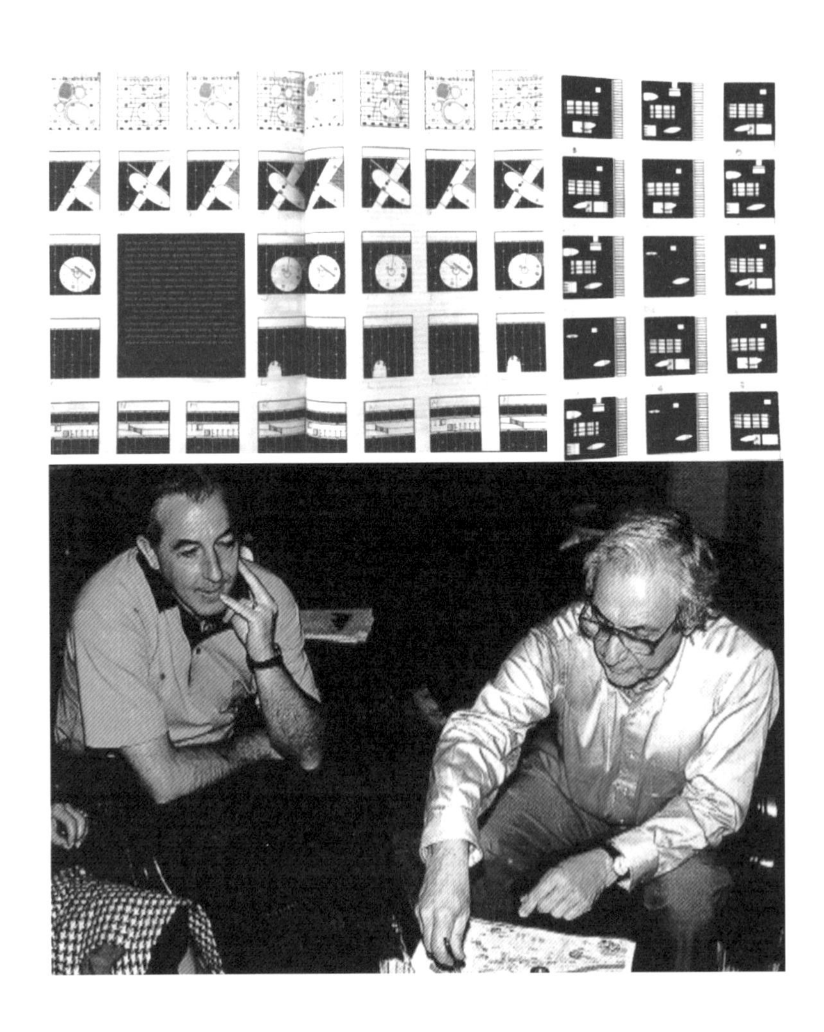

图19-1 **1991年7月7日，盖瑞与巴斯克国家文化部长何塞巴·阿雷吉·阿拉姆布鲁（Joseba Arregi Aranburu），讨论新博物馆的位置，他在毕尔巴鄂的地图上绘图**

图片来源：库斯耶·范·布鲁根，弗兰克·盖瑞. 毕尔巴鄂古根海姆美术馆[M]. 古根海姆博物馆，1998:22.

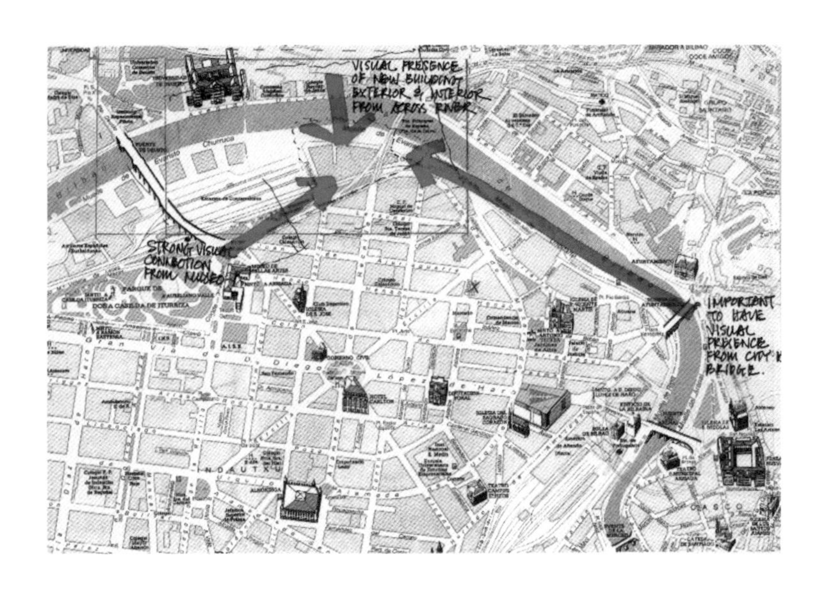

图19-2 **毕尔巴鄂地图，附有盖瑞的手写笔记，1991年7月7日**
图片来源：库斯耶·范·布鲁根，弗兰克·盖瑞. 毕尔巴鄂古根海姆美术馆[M]. 古根海姆博物馆，1998:23

路易斯·康是个存在主义者，信奉神秘主义。他首创“服务空间与被服务空间”。电梯、楼梯、走廊……都是服务空间；办公室、实验室、会议室……都是被服务空间。平面按此布置，立面照章设计。他设计的宾夕法尼亚大学理查德医学研究大楼，电梯间贴着建筑主体突出向上，效果异常强烈，引起轰动。这种设计手法，早已是“至今已觉不新鲜”。它建于1958—1961年，当年能如此已殊为不易，而且由新理念指引做出来，更是难能可贵。存在主义就是为自己的存在找理由。康为自己的作品找到存在的理由。他喜欢用砖，却不这样讲，偏要说是：材料要求被表现成什么，材料自己要求表现出独特的存在。他还有一句名言：寂静与光。他说：“光”赋予一切事物以存在，此赋予或源于意志，或遵从定律。这尚可解。他把“静”解释为：“无光、无暗。”明言这两个字是自己造的，别处没有！无明，无暗，影也！隐也！阴也！他避俗套，立新颖，不说光影，不提明暗，而言光、静。二字引来注者如云。他的本意想说：光不仅赋物以形，而且塑造了物的表面特征，因而赋予物以存在感！叙事的主客关系颠倒，往往带来无穷余味，给建筑构思提供更大的空间、更深的内涵。

2016年7月9日于北京

风格轮流转
——从装饰艺术说起

装饰艺术是1925年在巴黎举办的现代工业艺术装饰国际博览会的缩略词，其意不太好翻译，通常直接用。装饰艺术是艺术流派，而不是艺术运动。它绝前启后，毫不犹豫地告别古典主义，“不带走一片云彩”。它开启20世纪30年代的建筑现代主义，它又是20世纪60年代建筑现代主义没落的推手，走向建筑后现代主义的先驱！它出身名门，“锦衣玉食”，大红大紫，旋即零落风尘，“旧时王谢堂前燕，飞入寻常百姓家”，继而被精英设计师鄙弃，打入冷宫。进入后现代时期，装饰艺术再度走红。不过此装饰艺术已非彼装饰艺术也！设计元素不胜今夕，设计手法却大体依稀。装饰艺术的前世今生，是“盛世追风格，平世讲设计”这一现象绝佳的注解。我先就装饰艺术做一个概述，再择它包纳的主要团体和个人，加以论述，以窥全貌。

装饰艺术开始形成于19世纪下半叶。当时欧洲大陆古典风格已令人厌倦，逐渐式微。浪漫主义思潮流行，追求表现自我，彰显个性。

装饰设计开始从自然元素中，从植物藤蔓、蜗卷中寻找灵感，寻找主题。形成较早、影响最大的是英国的艺术与手工艺运动，继之而起的是维也纳的新艺术运动（Art Nouveau）。装饰艺术又从折中主义元素汲取营养，包括古埃及文明、原始部落艺术、超现实主义、解构主义、新古典主义、几何抽象、大众文化和现代主义。其主要领导人是鲁赫曼。他的主张大体而言就是：精细的手工艺，设计采用高档异域材料，如黑檀木、印度紫檀木、珍珠母。这种风格设计的顾主很少，主要是法国的女装名牌，保罗·波烈和雅克。由于他摒弃机器和工业生产手段，这一阶段的装饰艺术很快就被更先进的设计手段取代了。

1925年，巴黎“现代工业艺术装饰国际博览会”是装饰艺术极盛时期的标志。柯布西耶等名流建筑师都有作品参展。从此有了名号，加封“装饰艺术”。由法国、欧洲大陆，到英国、美国，传入亚洲。20世纪30年代它红遍全球，被许多设计师，甚至现代主义设计师采用。欧洲人品位高，又保守，他们的装饰艺术拘谨、节制。英国以威尔斯·寇特斯为代表，多用于电影院，后来在好莱坞修成正果。装饰艺术鼎盛在美国。以弗兰克的家具设计，阿伦的克莱斯勒大厦登峰造极。装饰艺术得天下则缘于一种新材料——酚醛树脂，它绝缘、隔热，又便于塑造成各种形状。1907年，贝克兰发明这种新材料，获得诺贝尔奖。到20世纪20年代装饰艺术传入美国，酚醛树脂才被用来大量生产收音机外壳等产品。“成也萧何，败也萧何！”美国装饰艺术的大众化与法国高雅正宗品位大异其趣二战之前，其生于装饰的背景、其急功近利的美学价值观导致烟消云散。

到了20世纪60年代，峰回路转，柳暗花明，被打入冷宫几十年的装饰艺术重新受到收藏市场青睐，博得厌倦现代主义建筑风格的年轻建筑师的好感。罗伯特·文丘里、汉斯·霍莱因和查尔斯·詹克斯把装饰艺术奉若神明，具以设计出自己惊世骇俗的后现代主义建筑，开宗立派。可惜也像装饰艺术的先驱者们一样昙花一现，匆匆过客。但是装饰艺术从未销声匿迹！100多年了，无论珠宝业、建筑室内装饰、建筑立面风格，到处都有它的影响。一种风格生命力如此之强，肯定有内在原因。我认为有两个原因：一是它成功地包容、协调了大量的各种风格元素，和平共处。元素成分和组合方式稍加变化，即出新意。二是长期以来，它形成了一系列镶边，加框，突出重点的设计手法，勾线、勾边、构图较自由，重点部位加浮雕，框子一围，顿时身价提升，颇亦不俗，万千烦恼，一框了之。古典风格建筑繁复，审美疲劳，反而单调。现代建筑风格造型元素不多，点、线、面、体，淡寡无味，令人厌倦，以至美国建筑师菲利普·约翰逊曾宣称：现代派建筑死亡了！话是言过其实，耸人听闻，但问题确实不小。不咸不淡的装饰艺术其实是风格过渡期的替代品。前些年它在中国流行也是当时欧风已腻，现代风格不成熟，装饰艺术出来走走过场。

建筑的主体风格有四大类：希腊、罗马风格；哥特风格；现代主义风格；各地的地方风格（中国建筑在内）。希腊罗马风格、哥特风格，都源自结构体系和特定功能。希腊、罗马建筑装饰，或取自某些自然元素，再以视觉审美修饰，施加柱、梁、山墙，后来发展成柱式构图，是古典主义建筑美学的根本。因为有本有源，又与结构结合紧密，经长时间演化，遂成主流。哥特风格亦如此，结构清晰，宗教功能强烈。现代主义风格形式服从功能，构图源自几何抽象，独立发展出一套审美范式，随着结构和材料科学的发展，随着建筑美学理论的深入探讨，现代主义、后现代主义、解构主义已成为绝对主流。希腊罗马古典、哥特风格长期演变下来也成为符号了。至于各种地方风格，多与当地材料、结构形式密切相关，一般朴实无华。地方风格形形色色，大风潮一变，会受些影响，通常不会有大变化。建筑风格的大趋势就是现代主义及其裂变的种种形式语言。“后现代主义一词，覆盖了现代主义本身裂变之后的种种流派。它告诉你离开何处，却没有讲路在何方。”

唯独装饰艺术，虽然是在离开古典主义走向现代主义的过程中的各种探索集大成者，不过历史使命完成，已成陈迹。装饰出身，装饰行世，与结构、功能无“血缘关系”，用得着就用你，用不着弃之如敝屣。装饰艺术命中注定如小姐生了个丫鬟命。但是建筑师如能明乎风格流派的大框架，理解装饰艺术手法特殊作用，驾驭各种风格，灵活运用，收到独特效果，亦一大乐事也。

下面介绍与装饰艺术形成有关的艺术流派和艺术家。

艺术与手工艺运动

19世纪产生于英国。针对工业革命对社会和环境巨大的负面冲击，生产大量劣质产品，强调艺术和重回手工艺，生产既有用又美观的产品。莫里斯与拉斯金领导一个松散的志同道合的艺术家团体，受拉斐尔前派兄弟会和中世纪遁世隐匿主义影响，绘画崇尚自然、写实。建筑设计主张后哥特复兴。工艺品纯手工生产，完全拒绝机器产品成本居高不下，难以为继。后期的艺术家、设计师组成行会、协会，1888年组建艺术与手工艺展览协会。改弦更张，接受机器和工业生产方式，坚持“设计影响社会”的信条，追求“产品简约、适用、合宜”。这些信条是新艺术运动指导思想的组成部分，1914年一战爆发前流行欧洲大陆，后来被建筑现代运动采纳。英国人每每敢为天下先，功成美国后。经验主义哲学对自然、社会变化敏感，保守主义钳制其快速发展；美国人的经验主义加实用主义全无顾忌，每成大事。

美国的艺术与手工艺运动

美国设计师看到英国同行鼓吹传统地方特色，形成流派，蔚为大观，艳羡不已！纷纷建立乡村作坊，加以实践。可惜大都短命失败。只有一个1893年建立的罗伊克罗夫特作坊取得令人瞩目的商业成功。1906年雇用400余工匠，社区还专门建造旅馆，接待访客和新客户。加利福尼亚州取得了最大的成功。设计师把该州的西班牙—墨西哥建筑遗产、日本手工艺、西班牙传教士建筑风格中和成一种全新的建筑、装饰流派。格伦兄弟为富人设计建造的豪宅，至今仍然是南加州的旅游热点（图20-1、图20-2、图20-3、图20-4、图20-5、图20-6、图20-7）。

a | b

a 图20-1 **伦敦酒店，杰基 · 埃米尔 · 鲁勒曼**
b 图20-2 **纽约罗马青铜作品烛台，埃默里 · 塞德尔，约1930年**
图片来源：夏洛蒂，彼得 · 菲尔. 20世纪的设计[M].塔森出版社，1999:48,50.

a | b

a 图20-3 **埃德加-威廉·勃兰特，利帕恩铸铁灯罩，1926年**

b 图20-4 **一对火炬，欧内斯特·博伊索，1930年**

图片来源：夏洛蒂，彼得·菲尔. 20世纪的设计[M]. 塔森出版社，1999:51.

a | b

a *图20-5* **蛇形花瓶（Snakevase），吉恩 · 杜南，1913年**

b *图20-6* **办公桌，勒内 · 卜鲁（Rene Prou），1929年**

图片来源：夏洛蒂，彼得 · 菲尔. 20世纪的设计[M]. 塔森出版社，1999:52,53.

图20-7 **落地灯，埃德加-威廉·勃兰特，约1925年**
图片来源：夏洛蒂，彼得·菲尔. 20世纪的设计[M].塔森出版社，1999:49.

当然，只有莱特才是美国秉承艺术与手工艺运动宗旨，熔炼东西方艺术于一炉，进而自创流派，取得最辉煌成就的伟大建筑师！他把驾驭材料特性的娴熟技巧与周围环境结合，创造“草原式住宅”（Prairie特指美国密西西比河流域的大牧草地，亦称“大草原”）。莱特首倡“有机建筑”，把“艺术与手工艺运动”和“现代建筑”结合起来，极大地影响了美国、欧洲后来的设计师。

新艺术运动

一种非关历史的艺术风格。1880年左右受早期英国艺术与手工艺运动和维也纳分离派影响，把自然元素抽象又分成两种：曲线形和鞭绳形。建筑师奥尔塔的代表作Tassel酒店，率先采用铁艺作结构构件，兼作装饰元素。如树干状、树枝状、枝蔓流苏状，建筑史称作“Horta曲线”，是铁艺的始祖。法国建筑师吉马德用盘曲缠绕的铸铁件作大门，得名吉马德风格。西班牙高迪的新文化运动风格到处开花，史称“现代式”。进而影响家具设计、首饰设计，别开生面，体现规整的几何形和流丽、舒畅的曲线、曲面完美结合。也是因为偏重装饰的原因，新文化运动流行不久，便被机器美学、现代主义建筑取代。

最后用两件作品，一个是霍夫曼设计的布鲁塞尔斯托克莱公馆，另一个是霍夫曼设计的家具来概括艺术与手工艺运动、新文化运动、装饰艺术之间的关系。应该一目了然！

2016年7月10日于上海

美国的土改

美国与欧洲不一样。多少世纪之前，欧洲大多数有价值的土地都归到贵族名下。而“新大陆”美国的土地，任何人只要有胆量敢去占用，有办法守得住就是他的。从移民踏上新大陆那一刻起，跟随探索者和传教士的土地追求者、投机家、开发者接踵而至。有人就有土地问题，就有土地生意。这是美国人的眼光，重商，到处追寻商机。中国人有点不一样，叫作“有土斯有财”，守土重迁，不怎么倒腾。这些年来也许有些改变，在更早之前一般并不以倒卖房地产为生，可能也倒卖不起来，没有这个商业环境。

美国早年投机土地开发房地产的，绝大多数是欧洲移民。既然土地通过买卖，何来“土改”？美国政治家谈论雄才大略的时候少，多半是竞选时大吹大擂，而面对必须处理棘手问题的时候多。此“土改”问题即一例，让美国政府上上下下头疼了好多年。

南北战争，又称内战。1864年，北方在战场上已经取得很大优势，胜利已现曙光之际，北方军司令谢尔曼率军从亚特兰大一路横扫，打到大西洋岸边，把南方军分隔成两半，奠定了胜局。战争国务秘书斯坦顿立即赶到佐治亚州的港口城市萨温纳视察，了解刚获得解放的南方黑奴处境的第一手情况。南方失败了，许多庄园主跑了，刚获得解放的黑人立即陷入失业窘境，面临饥饿的威胁，衣食无着。摆在胜利者面前更为严厉的现实是，黑人刚自由就饿肚子，与政府宣传的自由、幸福形成了辛辣的讽刺。更棘手的是，跟随谢尔曼大军来到佐治亚州的还有很多黑人，生计亟待解决。“将在外，君命有所不受”，搞“土改”风险卿我共担！斯坦顿战争国务卿、谢尔曼司令设想了一个异想天开的应急计划。1865年1月，谢尔曼发布战地命令颁布：将海屿群岛北起查尔斯顿，南至皇家港的所有海岛，连同沿大西洋岸所有入海河流、包括比邻佛罗里达州的圣约翰河，两岸30英里纵深以内的土地共485,000英亩，合1540平方公里原属南方种植园主，已经4年未交联邦税的土地分给跟随谢尔曼大军东进的黑人。谢尔曼的一位助手，萨克斯顿将军受命巡视黑人安置点和庄园，主持分配土地给黑人家庭。黑人分得土地当然欢天喜地！可是先得找交通工具把他们送上海岛，上了岛又面临耕作季节临近，既无牲畜又无农具，更无钱买种子的尴尬局面。萨克斯顿能做的也就是想方设法把他们送到岛上，黑人就自求多福吧。出乎意料的是，黑人踊跃登岛。知道将军你也计拙力绌，我们自己来吧。岛上盛产优质海岛棉，纤维细长柔韧。获得解放的黑人，艰苦奋斗一年下来丰衣足食居然有结余，还自己开办社区储蓄银行，竟有24万美元利润存入。在1865—1866年这笔钱岂是小数。然而，这种处置不动产的措施不能持久。好景不长，战争一结束，造反失败失去土地的南方庄园主坚决反对没收自己的土地分给黑人，称其侵犯私有财产，违反美国宪法。战败是战败，但土地不能收走。当时的总统约翰逊宽恕南方叛乱的庄园主，发还除了动产——以前的黑奴以外的全部财产。海屿群岛原先庄园主坚持：黑人最好是返回查尔斯顿工作，一无所长者可以拾牡蛎为生。黑人发觉被耍了一通，土地证是临时的，而不是永久的，顿时暴怒，扬言反对强迁，坚称：俄国沙皇亚历山大二世废除农奴制，还把农奴以前为主人耕种的土地“恩赐”给农民。法国、意大利、德国的农民也分得土地。解放了的美国黑奴要拥有自己的土地，为他人辛劳耕作200多年的土地应该归自己，“耕者有其田”！主持分配土地的萨克斯顿将军被撤职，华盛顿派一位军阶更高、名叫霍华德的将军取代他去安抚土地得而复失、怒气冲天的黑人。他底气不足，站在那里想说几句抚慰的话，却一时语塞，难免尴尬，突然冒出一句：“唱一支歌吧。”后排人从中一位老年黑人妇女悲从中来，哽咽道：“那就唱无人知晓我的苦难。”

联邦重建时期（1865—1877），政府犹豫不决，政客出尔反尔，谜团重重。连一位英国经济学家都看不下去了，向美国政府建言：“当务之急是让黑人成为美国中稳定的保守性成分。欲达此目标，应鼓励并采取有效措施使其成为拥有小块土地的自耕农。与我们对待爱尔兰农民的办法如出一辙。与英国相比，美国的土地又多又便宜，做到这一点简直不费吹灰之力。”慷慨激昂，掷地有声！美国黑奴不管你怎么说，两只眼睛紧紧盯住土地，丝毫不松懈。而北方政客吐大鼓如簧之舌，花言巧语，奢谈自由如何宝贵。黑人不为所动，虽是文盲，却深明大义：只有得到土地才能真正拥有自由，自己拥有耕作的土地，才能拥有真正的力量。面对这种微妙的局面，政府如履薄冰，谨慎小心，加以权衡。废奴派主张黑人或者应像收到礼物一般，完全拥有土地，或者土地按市场价计值，免其税项作为政府支付，或者作为战争赔偿由南方支付。但是北方的工业家又不情愿南方庄园主把土地交给自己以前的黑奴。他们要南方的市场！要南方加快重建新的蓬勃发展的市场，北方工业资本亟须商品和消费品市场。这才是他们支持战争的根本目的。他们绝不想开没收以前占统治地位阶层的土地交给黑人这样的先例，绝不能承受巨大的战争成本带来的却是市场萎缩！他们有很大的话语权。就连赦免南方庄园主的约翰逊总统当初曾捶桌子信誓旦旦地宣称“南方大庄园必须没收，拆分为小农场”，事到临头也装聋作哑，不发一声。

闹剧总得收场。几千名美国历史上在最短时期拥有土地的黑人拒绝回到原先的庄园当农工，而转向其他工作。还有2500名黑人满腔怒火移民去到利比里亚，那里在此之前是一家美国公司建立的殖民地，后来独立，就是现在的利比里亚共和国。我2005年设计中国驻利比里亚大使馆，去过该国。当时听介绍得知他们的祖先从美国移民回来建国，取国为名Liberia——自由。国旗也与美国国旗有些相似，首都蒙罗维亚是美国一位总统的名字。但并不清楚还有这么一段故事，之后研究美国早期房地产发展才明白其缘由。后来几年，美国政府多次谴责南方庄园主不交税款，收其土地分给黑人变成地主，不过仅杯水车薪。据统计，弗吉尼亚州、南卡罗来纳州、路易斯安那州、肯塔基州、田纳西州和北卡罗来纳州，共有80万英亩，合32万公顷土地分给黑人。即使在美国政府关闭分配土地给黑人的小门之后，一些精明能干的黑人想方设法克服社会偏见和法律障碍，所有权仅仅弗吉尼亚州在1860—1870年就达10万英亩，还有少数黑人掌握了1000英亩以上的土地，成为富裕的庄园主，有的甚至在该州的大城市搞房地产立住脚跟。佐治亚州的黑人获得了40万英亩，价值130万美元的土地，还在其他城镇获得了相当于120万美元的房地产。在阿肯色州，到1875年，4万黑人有投票权，其中2000人拥有一套房子、一个农场或者在城有房产。然而，这些都不足以把过去的奴隶变成房地产大亨。自《解放黑人奴隶宣言》颁布以来，还没有涌现出一个能比肩美国赫赫有名的房地产大佬的黑人家族。美国房地产界对此的解释是：你怎么看待土地，你期望土地出什么果实，决定你的成就大小。这才是评价成功的标准。此语颇有深意，这是美国人的生意经。“土改”一事，国情不同，做法各异，一阅可也。但这个成功的标准，可能是房地产的精髓。

2016年7月于上海

华盛顿的“土地财政”
——美国建都趣谈

美国历史上最大一宗公私兼顾、大块吃进、分割出售的土地买卖就是首都华盛顿市的开发建设！

总司令华盛顿领导下的独立战争胜利了，建都成了头等大事。两桩事体让他烦心：建在何处？如何筹款？国体不同，国情相异，处理问题的办法自然各有途径，牵扯到的人和事堪称域外奇谈、匪夷所思，却未必没有道理。他山之石不一定都能攻玉，看看人家攻玉之法也多有启迪。

国都定于何地，该处必大获其利。战前的殖民地纷纷争夺这个极具价值的富矿，定都在自己地盘。向国会呈递的计划很吸引人，条件优厚，且很有说服力。波士顿，美国独立战争的第一枪在那里打响，初期几场战役也在那里进行。费城，北美殖民地在此发布独立宣言，宣告建国。而英军总司令康华里在约克敦城困兽犹斗，最终失败，被迫签城下之盟，宣布投降。几个城市以为首都必在其中之一，殊不知螳螂捕蝉，黄雀在后。位高权重的大政治家各有自己的小算盘。国务卿杰弗逊是弗吉尼亚人，他想定都在自己的出生地附近。财务部部长汉密尔顿则有燃眉之急要处理：战争期间财政拮据，国会授权他发行大陆券，其中许多用来支付军饷。战后政府缺钱，汉密尔顿急于卖地赎回代用券，在国际上恢复美国政府的信誉。他向国会提出发行联邦债券回收大陆券提案。信息马上泄露出去。代用券当时在市场几乎贬值成了废纸，老兵们急得嗷嗷叫。东部的商人和银行家闻风而动，派出大批掮客去找革命战士，以10—15美分兑换1美元大陆券，疯狂搜购，豪赌一把，期望汉密尔顿提案通过后全额兑换美元。汉密尔顿提案在参议院遭遇强烈反对。众多持有大陆券的群众认为一旦提案通过，自己要被剪羊毛。代表他们的众议员发动抗议浪潮。囤积大陆券的人生怕打水漂，力挺提案。一番角力之后，汉密尔顿在参议院只差一票，众议院差五票。杰弗逊此时做出友好姿态，汉密尔顿大喜过望，但是他必须回报。杰弗逊也有提案要拉票：他希望新首都尽量靠近他的出生地弗吉尼亚，不能明言，迂回提出新都定在波托马克河畔靠近他出生地的一片荒原。两人一拍即合！总统华盛顿的态度当然最关键。他有两点考量。第一，新首都既然以自己的名字命名，就不能定在现有的城市再改名。第二，新首都最好靠近自己现有的地产。这与杰弗逊方案不谋而合。1790年7月，国会请求华盛顿总统在波托马克河畔指定10英亩的土地，这就是今天美国首都华盛顿市的雏形。法国建筑师L'Enfant应邀主持规划设计。他还是美国陆军少校，参加了美国独立战争，现在要为完成一个宏伟的规划——世界上第一个民主国家的“新巴比伦城”而奋斗。第一个问题就这样解决，顺带通过“土地财政”提案，把赎回大陆券的问题也解决了。新首都所选之处地价很便宜，测绘、规划设计也已就绪，一旦开工建设，土地还会升值。可是建都的钱在哪里？国库枯竭，根本无能为力。新国家不具信用，难以向国际资本举债。更何况征用土地马上还要一大笔资金，迫在眉睫，更是大难题。新首都虽然定在一片荒原，却早已被一帮富商把持，做土地投机。如今天赐良机，美梦成真，坚持全额市价补偿。华盛顿与助手密谋，最终想出一个办法，不出一文钱把地拿到手！总统写信给杰弗逊：“我想美国政府与乔治城和卡罗尔斯堡地主的合同条款如下：从洛克溪沿波托马克河到东涧的所有土地让与公众。条件是一旦所有这些土地经测量，规划为城市……现在的业主将保有其余的有可能作为公共用途的土地，待其规划为城市公共用地时，地主获得按每英亩25美元的补偿。公众有权保留业主土地上的林木，以备必要时供美化城市之需。”总而言之一句话，美国政府一分钱不花就控制了982英亩土地。政府打算把留下来建都用的541英亩土地公开拍卖，所得款项用来支付原来的地主。总统自信满满地继续写道：“每个人都想买，并表现出良好的意愿。”总统的说法绕来绕去，执行起来却很简单：成立一个特区土地委员会，负责再出售政府免费控制的地，还清地款，筹集建设经费。

1971年10月，总统和杰弗逊驾临乔治城一家小酒店，亲自主持地块公开拍卖仪式。政府定的开拍价从每英亩150美元到500美元以上不等。出乎意料的是，由于战后刚刚独立的美国，百业萧条，银根紧缩。大富大贵们对“新巴比伦”的前景毫无政治家们预想的热情！一般民众也反应冷淡！各阶层被几乎变得一文不值的大陆券搞得心惊胆战，再也不敢轻易去买山姆大叔推出的任何东西。尽管政府把新都吹得天花乱坠，奈何现场观望人多，举牌者寥，惨淡冷落。还是有一些公民买下政府兜售的地块的，华盛顿一看买家不多，断然止拍，以防闲话传开说是美国人民对首都前景不看好。

但是总统绝未放弃！首都以他命名，他买了几块地，出于财务信用和尊严，日后还要转卖给下家，给公众以信心。一年之后，总统府奠基，房地产市场也活跃一些，又进行一次拍卖。可惜依然收效甚微。总统和同僚终于认识到：华盛顿这个新城的个人根本“负担”不起如此大规模的土地投资，不敢轻易涉足。他们必须换一种方式，去找大土地投机者、开发商，甚至要大的开发集团才能承担得起，接盘再融资。思路一变，果然奏效！

当时有一个人，罗伯特·莫里斯，注意到总统和政府面临困境。他是美国最大的土地投机商，又是独立战争期间的财政总监。他设计了一套令人眼花缭乱的银行融资系统，运作大量资金，几乎是凭一己之力支撑住政府的战时财政。他长袖善舞，利用与欧洲银行界良好的关系，自恃独具的商业敏感、追求豪赌的天性，帮助华盛顿支付战争经费，维持大陆议会，熬过最艰难的时刻。革命胜利，莫里斯辞职，继续利用银行与自己的关系大赚一把，主要转手地产，成为在刚诞生的美利坚合众国攫取土地资源最多的地王。莫里斯的一位商业伙伴詹姆斯·格里夫，他的家族经营来往荷兰的船运，在当地有良好的社交。格里夫家族也涉足房地产。莫里斯回美国后，把华盛顿的困境告诉格里夫，拉他一起介入，并承诺：如果拿到购买特区土地委员会地块的优先权，他可以通过荷兰银行界的合作者转手出去，并夸口还可以从荷兰银行弄到贷款于第一顺位买下这些土地。此时，第三位投机者介入，二重奏变成三重奏。约翰·尼柯尔森，宾夕法尼亚州总司库，负责分配公共土地给退伍军人。凭借职务之便，他掌握土地价值信息，享受退伍军人优惠，拿了很多好地，负担也很大，找莫里斯求助。三重唱一路呼啸进了华盛顿，宣称买下特区土地委员会没有卖出去的全部土地并且答应帮助筹款建设华盛顿急需的公共建筑。莫里斯代表自己与两位合作者宣布购买华盛顿市7000个地块，每地块均价66.50美元，帮助每月提供2200美元贷款建造国会大厦、总统府，直至完工，利息6%。莫里斯信心十足地写信给朋友："华盛顿的建筑用地要涨100年！"有资本撑台，才能运作。更关键的是不能简单地卖地了事，而是要想好拿土地做什么用途，只有产业开发与土地财政结合，才能真正发挥效用。不过房地产开发光有资本作后盾还不行！时机是另一个决定性因素。任何人，不管你多富有，多有天赋，也不能保证：你开发的项目一定在你手上成功！前总统华盛顿先生在首都华盛顿，自己投机的土地，直到他去世，一平方英尺也没有卖出去！莫里斯先生的宏大融资计划，也因拿破仑战争，资金链断裂，导致公司破产，个人破产，蹲了几年监狱，出狱没多久即抑郁而终。

其实美国高层人士明了内情，投机土地者大有人在，吃大亏的不在少数。原因何在？人算不如天算！美国政府对西部开发移民本来有缜密的策划，先把东部、南部的印第安人迁到中西部，再移民到印第安人原来的土地上。莫里斯就是从印第安人手上贱价囤积大量土地。印第安人叫他“白人胖子”，历史书上有他的像，果然白白胖胖。18世纪80年代政府一直在做仔细的移民区规划、测绘。谁也想不到移民一轰而动，根本不按政府计划来。许多定居者无视土地法规，不付土地款，不要产权证。随便占地，声称属于自己。政府一再降低地价，放宽使用条件，划小地块规模。越降越无人付钱，越宽越乱建乱盖。有人竟然迁徙三四次，一分钱不付。地比人多，如之奈何。投机和土地公司按殖民地时期行情测算的利润全部泡汤。莫里斯、战争国务秘书萨克斯，就是“土改”中派员慰问黑人的那位高官、最高法院大法官威尔逊都在原先规划的西部土地上有大手笔投机，结果通通以破产告终。就连总统大人华盛顿先生也因投机大宗地产无人问津，郁郁而终！

美国人既以成败论英雄，又不以成败论英雄。历史书公正地肯定莫里斯在独立战争中以一己之力支撑战争财政的功绩。又不为尊者讳，白纸黑字，指名道姓，言及总统、高官土地投机失败。异哉！

2016年7月21日于北京

投机与开发

现在一提房地产开发公司，几乎无一例外地认为就是买地、盖房子、卖房子，这真是一大误解。其实这是看上去相似但本质不同的两回事。土地投机是投入者看中其潜在价值，尤其是旁人未看到而自己慧眼独具，风起于青萍之末，预判来日之强势，谋划之、操纵之、利用之。待其云涌奔腾，蔚为大观、成就全新局面，大有斩获，这才是投资。过程中各种风险、变数、均需一一小心处置、应对，稍有不慎，则可能酿成败局。大悲大喜、艰苦备尝、夙夜匪懈、寝食难安，个中滋味，局外人难以想象！此为土地投机。惊险，刺激，引人入胜，一大乐趣也。至于开发，盖房子而已，何足道哉。建安造价等硬成本，你看得见，算得清，别人也看得见，算得清。融资利息、管理规费等软成本也基本算得出。不可预见因素，除天灾人祸、不可抗力外，通常在预计之中。有风险，但远不及土地投机大。房地产开发主要是赚土地升值的钱，亦即实现土地的潜在价值，或边际效益。投机是原创，明知山有虎，偏向虎山行。开发是原创价值已经显现之时将其实现。价值的预见和价值的实现不说天壤之别，也有极大差异。

投机这个词，现在多含贬义，其实冤枉。投机者投其潜在之机遇也。诸多大事，盖起于投机也！投机者，失败的概率很大，唯知其难为而为之，尤其是应受尊重之处。许多投机者也许个人失败，但是其投机之事业只要真有价值，总有成功之日，不成于己，成于他人也是他眼力、魄力的明证。土地投机中，这类例子屡见不鲜。

从众心理也是一种投机心理。好多年前一位研究人群心理行为的学者写道："你是否遇到过这种情形，静静的夏日阳光下，树林中集聚成千上万只蚊蚋，是否注意到整个虫群悬停在空中，相互之间保持一定距离，几乎纹丝不动……它们突然动了，整个虫群往这边，或者那边移3尺……它们怎么动的，起风了？我说过，这是一个静静的夏日。"梅凯博士在其著述《人群妄念、疯狂极端化的历史研究》中写道："一种偏执、妄自尊大的妄念如在人从在快速传播，往往引发极端非理智行为。"15—16世纪时，惧怕撒旦的偏执念头笼罩欧洲。暴民袭击，绞死了几千名妇女，说她们是女巫，罪名是替魔鬼为虎作伥。中世纪一度流行添加慢性毒药，置人于死命。时髦太太、小姐，手无缚鸡之力，一听到"绞杀""刀劈"等事就浑身发抖，却对在惹恼自己者的酒杯中加几滴慢性毒药毫不在意。"大众歇斯底里在金融投资圈最普遍；在房地产投资界最执着。"梅凯写道，"人群……像牛群、马群一样在想……一样疯狂……也像畜群那样一个一个慢慢苏醒转过来。"佛罗里达州现在是美国的旅游胜地，其发展过程纯然就是一场蜂拥而入、各奔东西的投机大戏。

1867年，一个名叫乔治·西尔斯的探险者，沿着佛罗里达东海岸去迈阿密，当时那还是一个印第安部落以物易物的市场。西尔斯途经一个好像无人居住的沙洲，岸线曲折有致。顺一条路走进去，发现一个非常漂亮的泻湖，湖岸长满藤蔓和许多亚热带植物。令人惊讶的是，西尔斯在这里竟然碰到两个居民！他们是南北战争中南方的逃兵。见到西尔斯才知道内战已经结束两年。西尔斯回家写文章有声有色地描述他到过的天堂。好事者接踵而至，有的人还留下来，住在被称作宝湖的一带。最初定居者中一个叫罗伯特·麦考密克的人，收割机公司巨额财富的继承者，在湖边买了几块地，还盖了一座冬季度假屋。美国中西部冬天冷得受不了，一些人听说南方有一个宝地，便蜂拥而至。到19世纪70年代中期，宝湖东岸建立起一个社区，还设立邮局。美国邮政属于联邦政府，一个地方设立邮局建制就得到了承认。从此以后人也越来越多，大多都是北方、中西部地区人自发地“猫冬”。

亨利·弗拉格勒，一个猫冬者，佛罗里达房地产投机、开发的先驱，于1874年陪同体弱多病的妻子，到传说中的福地佛罗里达度假。那时节佛罗里达依旧一副蛮荒状态，杰克逊维尔市以南不通铁路。迈阿密仍然是印第安人以物易物的原始市场。弗拉格勒却马上被眼前的景象引发浮想联翩！他认定：这个半岛是天赐于他，投资房地产发大财的宝地！此后几十年，他倾注巨额资金，全部精力，建设大量新社区，用铁路连接起来，最令旅游者神往的是许多豪华酒店、赌场……

弗拉格勒是一个长老会教派教长的儿子，从小与众不同。14岁那年，他宣称：花太多时间受教育是浪费，于是退学到俄亥俄同父异母的兄弟那里打工。他天生见机而行，有因时、因事制宜赚钱的头脑。他娶了一个姑娘，叔叔是酿造威士忌的富商。就在此时弗拉格勒结识一位富于进取心的年轻谷物经销商，业余做点石油生意的洛克菲勒。洛克菲勒喜欢弗拉格勒，更看重他的家庭关系。得知威士忌大亨史蒂芬·V.哈克尼斯是他叔叔，便愈加关注弗拉格勒。威士忌与石油就这样搭上钩。哈克尼斯被怂恿投资10万美元给洛克菲勒建立石油业务，条件是他的侄子做合伙人。

弗拉格勒成为幸运之神！洛克菲勒一次又一次催促他向叔叔要越来越多的钱，而且每次都是随要随到。两人像双胞胎，共用一间办公室，办公桌靠得很近。早晚一起上班、一同离开。无人清楚哪一个更有心计，教长的儿子？还是跟他一样敬畏上帝的合伙人？洛克菲勒刚刚年逾花甲，他在企业的影响力急剧式微。标准石油公司成为巨人企业，年轻人在权力斗争中，排挤弗拉格勒。识时务者为俊杰！老家伙一见自己连顾问班子圈内都捞不到一席之地，干脆辞职！这对他并非坏事！他拿到1亿5千万美元！从他首次说服家人投资标准石油公司到今天离开，这是他的利润，在内战结束后百业待兴的美国绝对是一笔天文巨款。

他在佛罗里达房地产投资、开发的第一个项目在圣奥古斯丁市，建一个旅馆群，吸引北方佬来“猫冬”。一般酒店难入这位世界最大石油巨头共同创建人之一的弗拉格勒先生的法眼。他斥资130万美元，要设计、建造拥有540间客房、世界上最豪华的度假酒店。他取名庞塞德莱昂大酒店。庞塞德莱昂，这是一种用朗姆酒、葡萄柚汁、芒果露和柠檬汁调制的鸡尾酒。富翁之意不在酒，在乎广告效应也！追寻“不老泉”传说，号称要让富裕的老年人住进这家以大杂烩酒命名的酒店，在佛罗里达的阳光下重新找回青春年华。弗拉格勒滴酒不沾，也严禁在他的物业甚至出租屋业内出售、饮用酒精类饮品！出此奇招，为我所用之极也！

为了让佛罗里达其他城市的富人也来游乐花钱，他要求铁路公司把铁路延伸过来。铁路公司股东看不到这么长远，一文钱也不肯投资。弗拉格勒一怒之下，把公司的股票、债券全部买下，成了唯一股东。1890年年初，他又打起了棕榈滩的主意，买下前面提到的麦考密克多年前投资的宝湖湖滨的土地。弗拉格勒只花了7.5万美元就完成了这笔交易。消息传出，沙洲其他居民预计这位富翁将有大动作，蜂拥而至，把弗拉格勒地块周围的土地一抢而空。地价顷刻上涨，从每英亩150美元涨到1000美元。与此同时，弗拉格勒在地块上建造一座更大、更豪华的酒店。号称当时最大木结构建筑，命名皇家普林斯顿酒店。此番不卖酒，卖总督的大名——17世纪法属圣安迪列斯群岛总督就叫Poinci。酒店可容纳2000客人，由亭、台、廊、榭引向中央圆顶大厅。马路对面，弗拉格勒建造了另一个酒店——棕榈海滩旅馆——直接面向大西洋。

弗拉格勒毫不迟疑，继续南下。铁路加速修建，1903年通到迈阿密，接着再往南修，速度之快令人吃惊。路基刚推出来，铺轨就紧跟其后，一路推进。他把铁路沿线的土地卖给开发商，大赚特赚。一个城镇接一个城镇沿线建设起来，这是典型的土地投机与开发的例子。

他开创了佛罗里达作为美国的休闲中心的一个新时代。他开辟了棕榈滩新天地，在他之后，继续繁荣至今，更是成为极富者唯我独尊的天堂，甚至发展到住酒店也要分三六九等，等级之严类似印度种姓制度，令人咋舌，难以置信。有的酒店只接待上等基督徒，有的酒店专为来自纽约兄弟会的犹太大亨服务。甚至还有一个酒店，只接待为高贵主人驾驶“劳斯莱斯”豪华车的私人司机。一个故事广为流传：一位游客到当时最顶级的酒店——碎浪酒店，要订一个房间。他说自己是犹太人，即被礼貌地告知：“本酒店只接待基督徒贵宾。”游客到另一家酒店，彬彬有礼地要求订房，前台回应：“本酒店只为犹太绅士提供客房。”游客一听暴跳如雷：“老子是个混蛋！”前台不慌不忙：“如果您能证明这一点，我愿带领先生想住哪就住哪。”

时不我待，去日无多。弗拉格勒为自己树立一座9英尺（约2.7米）高的大钟，“咔嗒，咔嗒”不时提醒他！1913年1月的一天，弗拉格勒在自己的豪华大酒店走下楼梯时摔了一跤，再也没有起来，终年84岁。他奋斗20多年，留下的财产，只有1亿美元，比当年从标准石油公司收到的钱还少了5000万美元。他亏了吗？当然亏了。但是，他又没有亏。每一个房地产项目都有自己的成熟周期和它所处的市场涨落周期。弗拉格勒的项目后来都盈利颇丰。远见卓识指导的房地产投资实现收益，体现城市设计价值往往要一代人的时间跨度。前人栽树，后人乘凉。

继弗拉格勒进军佛罗里达，投资开发迈阿密的是一个退休公理会教长名叫乔治·梅里克，他用白菜价买下几块地，盖大片联排屋，号称“珍珠山墙”。子承父业，又加建几块地，以“此地将是全国最美郊区”打广告卖出去。又经几番风雨，变成“此地已是迈阿密最昂贵社区”。

一个名叫D.P.戴维斯者率先涉足坦帕湾，买下两个遍布沼泽、被红树林覆盖的沙洲小岛。戴维斯兴建一个阿拉丁传说气氛的酒店群、住宅群。住宅一开盘卖出去300万美元。

佛罗里达的房地产越炒越热，一块地在同一个酒吧一天能换手两三次，经济大萧条时未能免灾。奇怪的是到了20世纪30年代中期，佛罗里达的房地产率先恢复，一度被过分炒作的价格回复理性价位。人们认识到佛罗里达的阳光依旧灿烂，大西洋和加勒比海、墨西哥湾的海水永远碧蓝，佛罗里达的土地只有那么多——这就是价值所在。

2016年7月25日于上海

手记二十四

始作俑者　其有后乎

佛罗里达州早期的土地投机、开发，不仅积累了大量财富，而且创造了建筑设计市场。各种互不相干的建筑风格大融合。各式各样不尽相同，甚至毫不相干的风格被运用到一组建筑群中甚至一幢建筑上。闻所未闻、匪夷所思。“佛罗里达大杂烩风格”也是市场环境逼出来的。头一个吃螃蟹的那些人既有胆识，又禀赋颖异，成就迈阿密、棕榈泉独特风貌。

美国当时有两类建筑师：科班出身和半路神仙。第一批科班建筑师是19世纪晚期在法国培养的，人数很少。学成回国也多在纽约等大城市就业。以前提到弗拉格勒的庞塞德莱昂大酒店就是由纽约卡雷尔&哈斯丁事务所设计，一举成功。旋即接下纽约大都会歌剧院、纽约公共图书馆、国会参议院大楼和阿灵顿纪念剧场设计大单。毕竟当时大项目多，大牌设计师少，甚至受过一星半点儿建筑教育的建筑师都少，这给各式各样的半路神仙大展拳脚提供了舞台。令人意想不到的是他们开创了佛罗里达建筑的新奇局面。

投资客、开发商、游客来自北方，带来财富也带来文化习俗的偏见。他们雇用建筑师设计住宅，坚持采用北方老家的样式，甚至花园要引种枫树、忍冬等和当地气候、观赏习惯格格不入的植物。佛罗里达当地并没有成熟合适的建筑风格可供采用，建筑师叫苦不迭之余，业主自己茫然无序之际，拼凑、搬用，不足为怪。

有一个人，艾迪生·米兹纳（Addison Mizner），改变了这种局面。当地人称他为“建筑化妆师”而不是建筑师。米兹纳连基础教育都没有完成，跟人学了一点半吊子建筑工程设计，摇身一变要搞建筑设计。他其实是一个江湖气十足的匠人，绝顶聪明的投机好手。他擅长策划，提出来要把棕榈滩建成一座嘉年华城市，如建筑嘉年华、生活嘉年华。有西班牙风格、摩尔风格、阿拉伯风格，还有哥特风格和文艺复兴风格。富豪们不用去法国尼斯和蒙特卡洛，来棕榈滩就好！一身而二任，既有豪华酒店，又设超级赌场。凭借这一番鼓噪米兹纳放倒多少业主不得而知，不过棕榈滩的建筑设计、施工就此成为他的天下。就靠一本如何造城堡和别墅的书去设计施工。佛罗里达建筑材料种类不多，他是全美第一个采用全现浇砼结构的人。为了仿古，他又第一个建立仿古制品车间，招募当地劳工制造“古董”。还把一个当地铁匠训练成专做西班牙铁艺的“专家”。他还教工人打石粉，加胶用模子铸成石材，送进窑中烘烤，再用水浇，用气枪子弹射，制造裂纹和细孔。他做设计也别出心裁：建了一座水上住宅，完全架在水上，把走廊、通道做成一条隧道，从任何一端看出去都是水景，房间则通过隧道联系。他连设计、施工带建材，赚了钱。自己投资建了一座威尼斯式的运河商业城……可惜后来最终破产，难逃牢狱之灾。米兹纳应该受到尊重，他的事迹说明了建筑师工作的实质，也说明了如何驾驭和处理各种风格，更体现了创新的重要。至于江湖郎中，不必苛责于人。江湖郎中而努力术有专攻，亦可有成。工匠精神实质就是术有专攻。颇有讽刺意味的是，这些近乎疯狂又不惧艰险、不怕失败的探索，几乎在美国各地产生了深远的影响。始作俑者，其有后乎！

上百万距佛罗里达千里之遥的白领家庭涌了进来，住进米兹纳等建筑师为棕榈滩和迈阿密富人设计的豪宅简化版堂皇新家。而在纽约长岛、费城城外和康涅狄格等地，前卫房地产开发商大力推出意大利文艺复兴风格。在距纽约市50公里开外的一个地方，开发商为纽约的企业家、商人营造的温馨港湾——美国威尼斯，广告词是："住美国威尼斯，饮生活美酒。湛蓝的天空，闲适的贡都拉、洁白的沙滩，像天真的儿童灵魂一样纯洁。"

2016年7月29日于上海

再说巴洛克

巴洛克建筑一般尺度宏伟，多采用曲线、曲面。建筑师就像伟大的作曲家巴赫把单调、枯燥的旋律加以置换、改变调式，最终形成全新、和谐、精致微妙、恢宏壮美的交响乐。在17世纪20—40年代的罗马，伟大的意大利建筑师贝尼尼、博罗米尼、科尔托纳，把文艺复兴建筑冰冷、僵硬的建筑母题加以分解、重组、变形，创造了承先启后、影响深远的巴洛克建筑。我们在世界各国旅游，看到的所谓古典建筑，大多数都是巴洛克建筑。希腊、罗马古建筑遗存绝少见到。就连文艺复兴建筑也是凤毛麟角。既然巴洛克建筑早已司空见惯，古代建筑鲜有接触，论述巴洛克建筑还有什么意义？意义在于从古典到巴洛克建筑发展历程可以展示新精神、新方法，用于设计实践。巴洛克设计手法的核心是古典建筑的解构、重构。

巴洛克建筑大师留给后代的不仅是其作品，影响更为深刻的是他们的创作方法。他们都在古典建筑严谨、法度的基础上，追求一种动感，尝试一种新的平面形式。他们发明了许多空间组合，创造了新的空间感受。他们摒弃单调乏味，喜欢复杂，选用多种材料，追求增强奇特多变的建筑单体和群体的光影效果。三位建筑师还有意识地利用透视错觉形成的透视效果；各种艺术手法互相借用，雕塑作品像绘画一样施加色彩；建筑用塑像作支撑；画家在墙上和拱面上采用透视错觉做壁画，与建筑空间的透视效果相互作用，似是而非，似非而是，形成幻觉。更重要的是他们开创了建筑设计构思的新局面，打破了以往受程式束缚，只注重调整尺度比例的设计框框，开创空间构思大格局的设计方式。

三位大师各有鲜明特点，艺术手法大异其趣。

贝尼尼还不到20岁雕塑作品就誉满罗马，他的画作颇获好评，还会作曲，为喜剧、歌剧写剧本。他得宠于两位教皇。艺术构思宏伟，制作精美。喜好大理石、金碧辉煌、戏剧性光线效果，偏爱巨大尺度！他设计的罗马大学教堂是其代表作。1642年接手的博罗米尼与他截然相反，内向，有些神经质，全心全意献身于他的艺术。生前默默无闻，去世200多年了还被人当作疯子，谴责为破坏一切法度，把建筑推向堕落的罪人。活天冤枉！他是古典遗存最忠实的学生，他的设计正是遵循严格的几何系统，作品尺度小，材料简洁，喜好砖和抹灰墙面。

第三位科尔托纳，以画家行于世，可以说只是偶涉建筑。他设计的教堂立面很像舞台背景，意在捕捉罗马明媚阳光下强烈的光影对比造成的奇特效果。三位奠基者之后的一代建筑师大都寂寂无闻。只有方坦纳追求一种折中风格，把前辈粗犷的造型与多少受法国影响的细腻加以糅合，公众差可接受，如此而已。为什么三位大师和后继者风格差异如此之大却仍然可以归入巴洛克风格？因为皆以古典和文艺复兴为比对也。皆是对其求新、求变也。不考虑背景，就风格论风格，则三大师及后继者间的差异立判也。建筑造型的思考须对物兴叹。解构、重构一定要有所针对。这是我们研究巴洛克建筑重点所在。现在欣赏巴洛克建筑，除开历史价值、方法论价值，其美学价值并不大，毕竟"江山代有才人出，各领风骚数百年"。再去泥古不化，便是舍本逐末，取法乎下了。下列作品评述中的特点均为针对古典、文艺复兴建筑的求变，不一一注明。

奎里纳尔山的圣安德烈教堂。奎里纳尔是罗马七丘之一，山上的奎里纳尔宫是意大利政府所在地。教堂由贝尼尼设计。据他儿子记载，建筑师晚年常常去教堂（自已最完美的作品）默默地坐着。教堂平面不同寻常，呈椭圆形，短轴朝向祭坛。立面最吸引人处是承托穹顶的厚重连续蜗卷纹装饰。还有就是精美的入口拱门，正对一个半椭圆形小教堂。室内饰以浅红色大理石墙面，浅浮雕微微突出。穹顶装饰繁复。贝尼尼的构思：延伸行动在这里发挥到极致，祭坛之上一幅描绘殉难的油画；圣坛拱券上方群雕表达圣安德烈的灵魂在天庭诞生，圣灵和众天使迎候。构思追求一种连续的艺术效果。*(图25-1)*

罗马大学教堂是博罗米尼的杰作。1642年他接手教堂设计，庭院已经存在，两幢建筑也已建成，教堂必须嵌在一端之间。他选择中心对称平面，两个三角形交错组成六角星，由此演变一种强迫眼

a　b

a　b *图25-1* **圣伊沃 · 德 · 萨皮恩扎教堂**
图片来源：约翰 · 朱利叶斯 · 诺里奇. 世界伟大建筑[M].伦敦毕兹雷出版社，2000:174.

睛围绕它连续注视的效果。教堂夹在两幢建筑之间的院落已形成，他只能利用院端的窄边做出中心对称的平面。由两个相交的等边三角形形成一个六角形，教堂充满象征。重点隐喻所罗门神庙——智慧之神圣殿。六角星是大卫之星——the Star of David，穹顶的装饰包括棕榈叶、天使头像和至尊圣殿的石柱，穹顶装饰包括棕榈、天使。穹顶外观层层收进，顶上以真理的火焰结束。

罗马纳沃纳广场集该城巴洛克建筑之大成。博罗米尼设计圣依搦斯殉道堂；贝尼尼设计两个喷泉；科尔托纳完成了潘菲利宫通廊的画作。

圣彼得广场。贝尼尼设计的是圣彼得教堂的入口广场。要求尽量多容纳人群；无论教皇在教堂正面，还是在梵蒂冈宫的窗口祝福，从广场中都应该能看到他。贝尼尼尽量压低广场柱廊，以免给教堂造成压抑感，广场柱廊自身却低矮，比例不佳。*（图25-2）*

罗马以外的意大利城市巴洛克建筑也时有佳作。都灵的圣劳伦斯教堂由建筑师瓜里尼于1668年开始设计，也是一个中心对称平面，明显受博罗米尼的启发。这个教堂的穹顶最具特色，它不是实体的穹顶，是由一条条抽象出来的拱肋构成，八角星形背景是由承重的采光塔透进来的。明亮的光线，效果非常奇特。*（图25-3）*

巴洛克风格有些嫌贫爱富，代表作集中在罗马、都灵、威尼斯、佛罗伦萨等大城市。而其他地方的社区教堂、农村教堂则与“代表作”相去甚远。巴洛克建筑很快传到奥匈帝国、德国南部、法国、西班牙、葡萄牙，甚至传到波兰、俄罗斯。冬宫、克里姆林宫、许多东正教教堂都受到巴洛克风格深刻的影响，重要建筑多由意大利建筑师设计。然则“橘于淮北则为枳”，巴洛克风格“出国”之后，多变为一种装饰风格，而失去了原创的“方法论”本体的活力，有的甚至成为无源之水，与建筑本体脱节、变味了。这种现象不止发生在巴洛克建筑上，其他风格的形成演变也有此情况，值得深入研究。

a | b

a *图25-2* **圣彼得广场**

b *图25-3* **圣劳伦斯教堂**

图片来源：约翰 · 朱利叶斯 · 诺里奇. 世界伟大建筑[M].伦敦毕兹雷出版社，2000:176.

手法主义是巴洛克建筑产生的背景时代，已经不按严格的古典主义法式设计，开始求新求变。只不过着力不多，无关宏旨。手法主义针对盛期文艺复兴建筑而来，后者已经有些僵化。文艺复兴的实质是重生、再生，是当时已经湮没的希腊罗马文明的复兴。文艺复兴也是已创新肇始。任何风格流派，必然从创新开始。补叙数语，强调文艺复兴建筑风格，甚至可以说任何风格只要产生、存在，就是创新，无所谓保守不保守。保守的是人自己。现代人泥古不化，因循拘泥，是自己的事，与任何风格没有丝毫关系。

2016年7月31日于上海

占断风情向小园

古今中外，庭园都是引人入胜的空间。它是室外，又紧邻室内，内外渗透。既是游憩、娱乐之空间，亦是宴饮、雅集之佳处。自室内望出去，是一番景象；由庭院望进来，生几分诧异。别具入则厅室，出则园池，静躁万殊，心旷神怡，大有万物皆备于我，皆外于我之境界。更有乐趣者，自己造园！建筑师学木工，做家具；学景观，造庭园，对提高设计水平大有助益，尤其对训练尺度感效果明显。建筑物不好改，尺度错了留遗憾，无计可施。家具好改，庭园可调，虽非臻于至善，至少大异其趣，体会多多。园林我不在行，以前的同事有留学美国，开景观设计事务所者为我言及庭园设计，颇多启发。

顾名思义，庭院是室内空间在室外的衍生，房围之则为庭，如古罗马之中庭；墙或格栅围之则为院；房、墙、格栅间而围之，是谓庭院。古时之人，造房子不易，围院子却方便。只要气候条件允许，在室外的活动比在室内的时间不少。古园林遗址很难找，即使找到也早已面目全非。古墓壁画却传递出不少信息，出自埃及的壁画中能看到最古老的庭院，周围是墙和围栏，防止劫掠和躲避沙漠的热风。墙下，树下荫凉、舒适。水池由尼罗河引水，池边围以花台。院中高树，藤蔓凉亭，这就是庭院的原型，雅致，怡神。绿洲这个词由埃及传到希腊，在拉丁文、法文、英文……中指的就是沙漠中有泉水或井水的地方。还有一个词：乐园也与古庭院有关。由波斯传及希腊、拉丁片区乃至全世界。原意是舒适的庭院。人类文明起源于埃及和两河流域。希腊、罗马之为西方古典，文艺复兴而至现代。古典庭院包含的基本要素犹存，传到各地，由于文化、气候等差异当然有变化。*（图26-1、图26-2、图26-3、图26-4、图26-5、图26-6、图26-7）*

图26-1 **矩形池**

图片来源：托比 · 马斯格雷夫.庭院花园[M].纽约赫斯特图书公司，2000:18.

a | b

a 图26-2 **熟铁大门**

b 图26-3 **巴布尔皇帝庭院**

图片来源：托比 · 马斯格雷夫. 庭院花园[M]. 纽约赫斯特图书公司，2000:40,20.

درختهای انار هم هست گرد اگرد حوض تمام سبزه زار است

a | b

a *图26-4* **生命之泉**

b *图26-5* **乡间庭院鸟瞰**

图片来源：托比 · 马斯格雷夫. 庭院花园[M]. 纽约赫斯特图书公司，2000:20.

a | b

a 图26-6 **斯托克伊迪丝挂毯**

b 图26-7 **极简主义**

图片来源：托比 · 马斯格雷夫. 庭院花园[M]. 纽约赫斯特图书公司，2000:30,49.

造园是人类文明的表征之一，古罗马风格古典庭院是古罗马人家庭生活的中心。庭院走廊有壁画，中间的部分叫中庭。美国建筑师波特曼在20世纪七八十年代，把中庭空间移用室内，全球刮起一阵酒店、商场、公共建筑的“中庭风”，连防火规范都要为之修改。“中庭风”引起空间设计概念的变化。许多新观念产生于两种概念之交集，中庭就是室内空间和室外空间的交集演化。现代建筑空间设计的手法、主题、尺度与古代空间早已不可同日而语，但是思路却源迹可循。

伊斯兰庭院显然比古罗马庭园封闭，避开急促纷扰的外部世界。对于热带沙漠中的居民来说，阴凉、流水、喷泉和石榴树，就是乐园，就是天堂。带着这些憧憬，追求这些内容的精神蓝图，引导人们在地上建造乐园。各处伊斯兰庭院无论大小都遵循两条原则：一是入口在轴线上，两边鲜花夹道，芳香四溢，有宾至如归之感；二是其中心部位一定是喷泉，或带喷泉的凉亭，代表人生四个阶段的四条路或四条水流由中心辐射出来，互相垂直，划分四个区，形成一个四园之园，其他元素布置在角落。古波斯地毯描述的庭院和散布各处的伊斯兰庭院遗存都是这种布局。从印度的泰姬陵、西班牙格拉纳达阿尔汉布拉宫、摩洛哥的Agdal花园，都是这种布局，都包含这些元素。伊斯兰园林影响是多方面的，特点是对称轴线布局，还有最重要的一点是喻义和象征。伊斯兰教禁止直接描绘和塑造人和动物的形象，其艺术凭借几何图案、花卉图形，甚至用书法作为装饰。

欧洲中世纪庭院则自由得多，好像呼吸了一阵新鲜空气，沉浸在鲜花绿草中，芳香袭人、舒心怡神。大乱之后缺钱，造园多是栽花植树、种庄稼。“采菊东篱下，悠然见南山”，绝少几何痕迹。此纯朴之风，反而形成一种流派，轻烟散入百姓家，成为大众化庭院的先河。11世纪北欧闲适园林是其代表，自成一派。中世纪庭园都很封闭，有两种类型：城堡内圈一块地，围起来，规模大的还有打猎场；另一种是地主宅地划分院落，绿化筑园，这是后来别墅的原型。

文艺复兴风格接踵而至，又是古典一通折腾。意大利文艺复兴园林代表西方造园艺术最高水平。流风所及，风靡整个欧洲。庭院设计灵感重要源泉来自意大利，至今犹然。意大利庭院元素丰富：精致的景观小品、轻灵的水景、精美的雕塑、绿树繁花。整个庭院成为一件艺术品！宾至如归而忘返，可以调素琴，阅金经，宴饮雅集，对酒当歌。其实是古罗马中庭发展到户外的产物。罗马人的艺术天赋令人赞叹！无论规划、城市设计还是建筑、景观，他们都创造了许许多多的新形制，直到今天仍然有极大的生命力。

文艺复兴庭院呈轴线对称布局。以主体建筑入园大门到庭院远端边界为之轴线，两边各两个小园。小园形状、面积差不多，但是造园手法不一样。有一个奇特的名称——结园（knot garden）。一个结点一个景点之谓也。对称要求变，变化得有遵循。彼时宗教情结深浓，从有名的教堂装饰纹样中择其素材，于结园，用绿植、花卉再现纹样，丰富多彩。意大利文艺复兴庭院又称台地园（terrace garden），园中二三台地，高差变化，空间顿生情趣。又将绿植修建编织，参差交错。咫尺小院，别样风致。所有这些手法后来皆发扬光大，历久弥新。在欧洲旅行，无论贵为皇家园林的凡尔赛宫、达官贵胄的别墅城堡、寻常人家的尺丈小筑，文艺复兴风格庭院流风余韵或多或少，若隐若现，引人遐思。

说园不能不提艺术与手工艺风格，追求田园牧歌风情园林。兴起于20世纪初。进入21世纪还占一席之地。一言以蔽之，此风格曰：用花和植物画画。格特鲁德·杰基尔和埃德温·卢泰恩斯爵士率先尝试，协调庭院布置和植物营造诗情画意。形状、大小不同的花池构成画面轮廓，花卉色彩按艺术家画稿安排。四季花序不同，庭院景象各异，赏心悦目。

西方造园艺术家对中国园林的总结很精辟：宗教（禅宗、道）、哲学（老子、庄子）与自然结合，寄情山水之中。堆石为山，散石为林，取奇数1、3、5、7……造园主题：岁寒三友……他们对中国园林造园手法的理解未免肤浅。

后来的巴洛克、现代等流派，乱哄哄你方唱罢我登场。庭院设计拉扯流派并非上策，不过描述其演变，也只有这些术语，生造不来。这种情况说明，建筑、景观、室内、家具和工业设计，其源流演变确有相通之处。其核心就是两个字：变、通。“变”之两端是古典与现代；“通”之境界是熔古典、现代于一炉。欲达此境界必须设计者思想上先融会贯通，不囿于一家一派。当今设计界若抱残守缺，故步自封，绝无出路。不仅如此，就连大家、巨擘，据守古典，盘踞某风某派某法也难以为继了。

2016年8月2日于上海

哲学家的话语权

柏拉图，苏格拉底的得意弟子，大哲学家。他对待艺术则极为轻慢："艺术是可怜的双亲生的可怜儿。"柏拉图主张"理念论"，认为理念最高级，存在于现实之外。现实只是理论的摹写，而艺术又是现实的摹写，是理念的摹写的摹写，等而下之又下之。其实艺术也表现理念，史前岩画中的内容，表现原始人类的理念。但是，柏拉图当时名声大，常人中无人驳他，但哲学家圈内人却不依不饶。亚里士多德说："艺术完成了自然未能尽善的工作，艺术家告诉我们自然未能讲述的内容。"艺术不比现实差，甚至还能补其不是，等而上之一层。核心是模仿，艺术模仿现实，模仿得越像越好。这一观念在西方艺术界流行上千年。希腊艺术包括戏剧、诗歌、雕塑……马克思说："希腊艺术达到的水平，与其当时社会发展阶段根本不成比例。"罗素则更夸张："在整个历史上，再也没有比希腊文明的突然兴起更令人吃惊，更难以解释的事件了。"一位听众忍不住发问："总而言之，能否简简单单说清楚到底是怎么回事？"

那些希腊人创造了一种全新的、观察世界的方式，而且想象出那个世界的形象。这在历史上是独一无二的，而且影响了后来的罗马和整个古典世界。被遗忘，又复兴。什么全新方式、理性方式，什么艺术特点、摹写现实，如此而已。哲学家说了算。

文艺复兴到现代主义之间，都在如何对待运用希腊、罗马的古典遗产上转圈子，没有实质性进展。但是，随着科学技术进步和社会发展，现代主义正在酝酿之中。“这些都是老生常谈，腐儒陈言”。但是，这都是某位或某些哲学家说的，他们有话语权，但已渐式微，权威正在消散、湮没。他们不断地提新理论、新说法。从另一方面证明权威的缺失。知识的传播让哲学家另辟蹊径，科学技术的发展，逼迫艺术家考虑以新的方式“存在”。思想的解放，让大众也有话要说，有“理念”要表达……这就是现代主义！就是后现代主义！！现代主义崇尚独特的理念和进步，以最快的速度响应工业社会，后工业社会的飞速发展、变化和都市化进程，现代主义艺术当然不能例外。不过面对快速变化的现实，和一时说不清的问题，也产生了一些怪理论，而且多半是这些怪理论在唱主角。

怪理论的核心是否定艺术！祖师爷是黑格尔！启蒙主义提出艺术与经验主义相关的。黑格尔随即提出把艺术和哲学置于一个严格的、系统的轨道上。实际上是涵盖一切的轨道之上。他说：在我看来，这个成熟的体系本身足以自证自明。任何事物都取决于抓住真实，加以表达。实体如此，本体亦如此。他既是理性至上论者又是唯心主义者，认为整个世界史、思想史都可以归纳进一个哲学框架——精神现象学。表达的就是世界精神，即人类和世界的动力。黑格尔的历史化哲学极大地影响了19世纪。而他的艺术论与博物馆的形成和发展，与新古典主义复兴，与接受希腊、罗马的艺术作品最伟大的观念有关。他认为艺术是一门科学。任何事物既是辩证的、发展的，同时不可避免地也是系统的、有组织的、实在的。艺术表现世界精神发展的一个阶段而已。他的确说过："艺术这种形式已经不是精神的第一需要。无论我们认为希腊诸神的雕像如何优雅，不管我们面对的圣父、耶稣、圣母的雕像塑造得多么可敬、多么完美，这一切都无关宏旨，我们不再屈膝膜拜！"他这番话不是说"艺术终结了"，而是指艺术的作用被哲学和科学取代了。艺术对黑格尔而言，该做的、能做的都已经完成了。绘画和雕塑，也许会继续发展下去，但已不再是艺术。黑格尔这些观点其实极为偏颇，不过其历史决定论对后现代主义的艺术终结论在某种程度上起很大作用。克尔恺郭尔说：艺术类似于信仰和孤独，最终指向虚无，维特根斯坦主张艺术是不可以定义的；精神分析学家拉康认为艺术指向空无的无；《艺术的故事》一书的作者贡布里希写道：实际上没有艺术，只有艺术家而已。无独有偶，黑格尔认为中国哲学缺乏思辨，《金刚经》写道：一切皆以无为法而有差别。与他以心驭客观殊无二致。

艺术家的灵感从哪里来？西方哲学崇尚探索。凡事要寻根问底，弗洛伊德这位精神分析专家就说了："人类的潜意识、潜思想可以引导人的行为。”他进而认为一些社会禁忌，如：杀戮、侵占等，是产生潜意识的基础。他甚至断言“每个人都是文明的敌人”，这个话太极端，不敢恭维，但他所言追梦、做梦、解梦是艺术创作的灵感源泉之一，在西方现代艺术界被广泛接受。天将降大任于哲学家，必将苦其心智，苦而仍然说不清，就只好说梦话了。关于弗洛伊德的理论，争论不少，聊备一格，搁置一边吧。信不信由你。但是艺术创作中的“移情”“通感”“触类旁通”却是多有其例。大学者钱锺书学贯中西，亦喜谈此话题。《谈艺录》《管锥编》中多处论述，极为透彻。但是弗洛伊德的心理分析，切入点不同，此点尤应注意，未可忽视。

康德说，哲学家和艺术家可以互相帮助。哲学家想不到的艺术家可以想到。席勒说艺术家思想最活跃，就像玩游戏一样。人需要玩游戏，因为玩游戏可以自定规则。

建筑师，尤其有些大师在谈到其创作灵感，或评论创作思维时，往往神神道道、念念有词，见其文字每每莫名其妙、不知所云，典型的如路易斯·康：“光与静”“材料想成为什么……”以前见到大不以为然，“语不惊人死不休”视之。近来研究艺术理论，见到一段关于弗洛伊德的评价，始知自己才疏学浅，贻笑大方。

“弗洛伊德对于艺术理论真那么重要吗？”“简而言之，是的。因为他发明了精神分析法。”详而析之，他的理论揭示了：无意识的驱动，引发人的活动和创造性，开启了理解什么是艺术的认识过程。他的想法引起争论，很多人不认可，却不能忽视。在当今思考人自身的认同和艺术时，尤其如此。建筑设计构思应该是既客观又主观，既须睹物而浮想联翩，又须弃物而构新筑。哲学家的话语权在引人以新思路。

2016年8月8日于上海

建筑美与建筑流派

我们的自然主义观点要追溯到古希腊时代，我们的古典主义理念几乎都来自文艺复兴，而我们的艺术观，特别是造型艺术，则来自18世纪。明乎此，对掌握流派、风格，有提纲挈领之效。建筑与造型艺术有密切关系。建筑最好是都美，可惜做不到。哪个流派的建筑都在意美的效果吗？也不是。流派与美丑没有直接关系。现当代的建筑流派多得数不过来，挂一漏万。不过你就算数全了又当如何，依然于事无补，徒劳心神。言必称风格、流派、理论者，可能是不太清楚：自20世纪60年代以来，“礼崩乐坏”，建筑界豪雄并起，没有什么主流。美欧建筑理论家搬出马克思主义“经济基础与上层建筑的理论”，认为建筑设计、创作，已完全彻头彻尾地商品化，甚至整个文化都已商品化！在商品化大潮的迷乱之中，艺术家、建筑师为重新确立自己的身份地位，跟随当时的哲学思潮：符号学、新马克思主义流派、心理分析学派，尤其是后现代主义流派……起伏荡漾，漂流四方。直到现在仍然不知所终。个人认为其中有几种思潮，建筑师可以多留意：符号学、解构主义和形式主义。

符号学是瑞士语言学家索绪尔于20世纪初提出来的，此后一直对20世纪的哲学和理论界产生重大影响。他专注于语言结构，而不是传统的语言历史形成的研究，这是质的差别。许多学科，甚至是哲学流派，把许多课题归结为历史的沉积和演化，这其实是在回避实质问题。就语言学而言，索绪尔直接主张："任何事物都是一个符号，语言就是一个符号系统。"他进而研究事物作为符号是如何作用，即一件事物，作为符号如何代表其他事物。符号如何形成一个结构系统来传达意义，一物代表他物。最核心的问题是："词"并没有天然意义，即创造出来就代表别的事物，不生歧义。"牛"这个词，本身不代表"牛"这种动物的实质内容，而是指定它代表这些内容。索绪尔就此判定"词"就是一个符号。汉语的"牛"，或是英语的"COW"都是符号。索绪尔断定词是符号，语言是符号按照特定的结构原则组成的一套符号。何等痛快，何其直截了当。"词就是一个符号"这一判断，对于建筑创作至关重要！建筑师可以据此自行决定以何种方式切入，分析、解构命题的词义，加以演变，提炼出自己的构思。

那么符号又是什么？美国哲学家皮尔斯说符号有三种，按一物指另一事物的方式来分：1.图像指号。它与表示的对象有某种相似。但是它出现时，所指对象不一定出现。地图、道路急弯指号都是图像指号。2.指引指号。它与所指对象并无实质上的相似性，但它存在，其所指必定存在。比如：有烟必有火；水银柱上升，代表温度上升。3.符号。它和所指对象既无性质相似，也无客观上的必然联系。但是“烟”的字形、笔画和声音、“急弯”的字形或声音，或者哀悼时戴的黑纱、白花，都根据约定代表相关意义。这是索绪尔符号学的本意，皮尔斯把它发展了。

符号学对建筑设计构思有什么作用？大有用处：拓宽思路也！人的思维都在一个一个的范畴内展开。有时在一个范畴内冥思苦索，不得其解。此时要拓展思路就须拓展范畴。从图像指号跳到指引指号，从指引指号跳到符号。又不妨拿流派当符号用，在各流派直接跳来跳去。变换思路最有效的途径就是范畴跨越。黑格尔把艺术与哲学绑在一起创造精神现象学去表现世界精神，事成之后又把艺术抛在一边。建筑师搞创作就应该有这个气度，万物皆为我所用。关键是跳得出去收得回来。建筑设计是操纵实体和空间变化的艺术。构思时如何去掌握变化，需要换思路。符号学这三套法宝，让建筑师可以往三个方向去尝试变化思路。路子一宽，办法就多。而且图形、指号和符号，有形、有文，建筑师可以从形入手，从意切入，思路活跃。

为什么还要提解构主义，因为索绪尔设计的语言结构主义系统，不能确保所指精确。既然此系统不能保证，就换个思路把它拆解开，重组之，符号、指号并用，又是一法。也可以把你的符号系统解构重组，去其无关紧要的，保留核心本质的，以此试探，掌握你到底想表达什么，所指为何。这就是西谚所言，有一千个读者就有一千个哈姆雷特。对建筑构思而言，拆开重组，当然又是一法。建筑构思当然可以由意境入手。朦胧的表面肌理，强烈的光影对比，“庭院深深深几许”，都是追求的意境。关键是你要先想得要去表现什么。范畴指引思绪，流派触类旁通，意境激发想象……有了创意还必须会造型、创造美。形体构成的美学法则多矣。愚意以为；作为指导思想的是康德美学，实际操作比较合适的是格式塔心理学，另文再述。

2016年8月9日于上海

手记二十九

商品大潮下的建筑设计

艺术家特奥多·阿多诺（1903—1969），提出两个重要问题：

1. 在后资本主义时代艺术还能存在下去吗？在大众社会商品文化的侵蚀下，艺术作为社会精神集中代表的作用还在吗？

2. 艺术还能为大众社会，实现更有艺术品位做什么贡献吗？这两个问题的核心在于，阿多诺对于大众商品文化，如何改变艺术产生和消费的方式的理解。他真正的担忧是：以前的社会里，艺术着力表现生活和社会的核心价值。而现在的资本主义制度下，艺术日益成为另一种娱乐产业，有人说他杞人忧天，事实上他不无道理。

阿多诺断定：“大众文化就是心理分析法的反向应用。”弗洛伊德了解梦和潜意识如何起作用，进而让文化生产者据此放手、科学地去掌握观众、听众。所谓广告就是把心理分析付诸实践。好莱坞电影就是工业化生产组织，其电影就像梦一样宣泄感情，满足消费者。电视也是一个类似的系统，像一场大梦、美梦。招徕观众进入潜意识，使之兴奋，去渴求其实并不需要的东西。说穿了就是广告制造渴望，由消费文化去满足。大家都浸润在心理分析、渴求的泥淖中。追星、名人成了宗教，兴奋和狂热成了日常态。

当今大众文化就是快餐式消费文化，建筑产品和建筑设计置于其中，自然不能免俗。追求创意就是追求新奇，就是“抢眼球”、抓观众。建筑成为符号。请名家设计就是在奥特莱斯买过期的时髦品牌，如此而已，岂有他哉。自20世纪60年代以来，层出不穷的建筑理论多半是围绕阿多诺理论的展开和实践。从这个角度来观察纷繁复杂的建筑界演变和风格更替，你方唱罢我登台的场面就不足为奇了。文化及其演变从来都有主导力量，只不过近年大众文化的市场大了，市场开发的力度也强了，不由艺术家和以前为数不多的艺术消费者主导，自然而然就形成了当今的状况。

至于阿多诺的第二个问题，艺术是否还能在大众文化的转换中起作用？虽然目前还没有比较一致的看法，至少还有不少艺术家、建筑师在努力尝试，形成所谓高雅艺术与从俗艺术之争。高雅艺术的理论表述是现代形式主义，其渊源自德国哲学家康德的启蒙主义美学理论和黑格尔的历史主义，总之带有很浓厚的欧洲色彩。其代表者是格伦伯格。他理论的核心其实很简单，欣赏艺术少带感情色彩，应该按照艺术本身的特质去对待之，因为艺术本身就是自在之物。绘画虽然受到摄影艺术的严峻挑战，不再仅仅以忠实描绘现实为满足，必须专注于绘画作为独立的、艺术品种存在的独特性。建筑创作虽然强调追求特殊符号，表现相应意义的新挑战，但与此同时不能去掉建筑自身独具的美感和特质。绘画的特质是色彩、形式和表面肌理。建筑的特质是造型、尺度、比例、肌理韵律和光影、色彩。总而言之，建筑有自己的建筑美。格伦伯格说："只有形式完美而纯粹，才有居于自身的价值内涵、才能内求诸己，不借于外、才能自立于艺术之林。"衡诸几十年来，许多建筑大师对形式美的执着追求，创作了许多精美、纯粹的佳作。才使建筑设计在艺术界中有了更高的地位。尽管大众消费的许多符号式建筑大行其道，我相信高品位的建筑作品还是站在建筑设计艺术的顶端。而且，它应该是严肃建筑师毕生追求的目标。

2016年8月15日于上海

手记三十

康德与美学

康德（1724—1804），启蒙主义哲学家，在系统地综合经验主义哲学和理想主义哲学的基础上建立自己的哲学体系。一般认为他是世界上最伟大的哲学家之一。

康德集18世纪美学流派之大成融入自己宏大的哲学体系，把美学作为该体系的基石。康德还是现代美学的创始人。他制定的研究方向引导150年间雨后春笋般形成的各种现代美学哲学流派。其主题是感知者的个人体验。艺术和自然是美学的源泉。人们通过艺术家的经验和其作品产生的体验去感受作者和作品。康德从而赋予美学感悟以现代形式。康德处理自己这一哲学分支的所有细节的方式极其复杂、纠结，却成为其余学派的不二法门，直到后来才受到当代美学的严峻挑战。

康德之前，美学一说从来众说纷纭，各执一词，漫无边际，不得要领。作为背景，先择其大者录于后，以备一观。自亚里士多德开始，希腊人认为美与功能和比例有关。这种观点占统治地位多年。到文艺复兴时期，各种学说涌现，一时多少豪杰。

德国画家丢勒（1471—1528）宣称：“美是什么我不知道，想来它关联到许多事物……满世界都称其为正确者，我也说它正确；众人都认为美者，我想应该就是美的，并且努力去画它。”从众心理，人皆以为美，吾则以美视之。

有个神职人员名叫费舍洛（1433—1499），从宗教角度论述美：“美无他，灵动之优雅也。此优雅透过圣光，先显于天使，化为各种形象，即为榜样和理念。优雅的美再渗入人的灵魂，生成理性和思想。最后进入物质，成为形象和形式。”这是天书，以神学为纲，凡人不得要领。

意大利学者贝洛里（1615—1696）说：“美只不过是赋予事物以合宜的形式而被观赏。”

普桑（1594—1665），他的观点更离奇：“除非事物尽可能完善，否则美不可能降临。”大意曰：臻于至善为美。

歌德（1749—1832）断定：“美是构成性的——艺术家构造美，他不能带走它。”意思大概是“一事一议”，此物之美无法移植他物。

济慈（1795—1821），诗人说话都带诗意，他讲：“一件美事就是一种恒悦，爱意日浓，永不泯息。”

各位名人、名家关于美的论述宽泛，感性，都是自己认为，或感受的美的断语，不够客观，难免隔膜，让人不得要领。第一位给美下一个简洁明了定义的，是英国人舍夫茨别利伯爵（1671—1713），他说：“美是真实。”此论断一出，美就不再是怡悦的装饰或者招人盼睐的物品，而是成了一种绝对的道德标准，美就是好，就是美德。

18世纪重新对美进行更严谨的定义和研究者是德国哲学家鲍姆加登（1714—1762）于1735年率先采用“美学”这个术语来概括他的研究。该词取自希腊文aisthanesthai，英文原意是perceitive，领悟、理解、认识。关键在于“悟”。鲍姆加登的本意并不是研究美学，他是当时欧洲大陆理性论运动的一员。理性论者试图建立一种大一统的理性原则来统合经验和科学，确保其条理和确定性。鲍姆加登的研究试图把即时的经验契合进理性框架，选定aesthetics这个术语来涵盖这个独特的、自立自洽的感知、感悟领域。Aesthetic这个术语完美地统摄了感悟以及艺术、自然在人们心灵中激发的奇特的愉悦感这个独立的研究领域。鲍姆加登始终是一个理性论者，美学大师。从这个角度思考艺术，研究、考察什么使事物显得美，令人高兴，或者显得丑陋，顿生厌恶。如何区分美术作品与手工艺品。“判别艺术品高下优劣，就是作美学判断。”“理性作用于艺术就带给我们一种真正的美学理解。”把泛泛而论的谈美变成哲学意义上的“理性美学”，他是第一人。几乎与他同时的一位英国画家贺加斯（1697—1764），写了一本《美的分析》，其中并无高论，无非“美与配合、协调和优雅有关”一类老生常谈。有趣的是他从实践中总结出一套画法和线条组合，凸显柔性的曲线美，对后来的画风、画作有影响，也给美存在于形式之中作了实际的注解。

把鲍姆加登的aesthetics一词接过来进行哲学论证，使美学升堂入室的是康德。他首先论证：不可能有基于实际的客观准则，据此借助概念来决定美是什么。他批评几乎所有人都滥用aesthetics这个术语，不了解其真谛。他特别提出“判断力”是哲学研究中，联系理论探索和实践经验的中间环节。康德认为：“判断力是把特殊置于普遍原则和一般概念之中加以思考的能力。”康德体系中，感性处理直觉，理解处理概念。正是感性和理解的协作，使知识成为可能。而联系感性和理解的，或者从感性跃升至理性的关键环节就是判断力，有点像我们说的悟性。康德的宗旨在于以美为对象，论述判断力。“判断力批判”这部著作重点在判断力而不在艺术。就像黑格尔说“美”，旨在建立“世界精神”“让世界立在头上而不在脚上”。他的本意不在美学。看来形而上学也要借实说空，不完全尽是抽象思辨。以实说空，以空御实，也可以说是建筑创作构思的美学基础。康德论述说感知美就是判断美，判断涉及想象和理解。美既是主观的，不是基于概念的，又是客观的，与客体的组织、形式有关。审美经验就是主客观的统一，就是想象与理解的互动。而一切美的艺术，核心是形式。想象、理解、旨趣是艺术创作的前提。

不过就美言美，康德所论者能用于实践，或指导实践者，不敢恭维，寥若晨星。他最大的贡献在哲学，把经验论和理性主义加以协调。对于理想主义者和经验主义者而言，彼此达成共识：经验是能够确知任何事物的基础。因为美学直接诉诸感觉，也可以理解为一种新的知识形式。从此以后，感觉与知识、艺术创作的规则与艺术欣赏的途径，在纷繁复杂的领域中寻求标准，成为现代美学的主题。

就艺术创作而言，真正有指导意义的美学哲学理论出自爱尔兰哲学家哈奇生（1694—1747）。

17世纪的欧洲哲学认识外部世界的思想方法有了根本改变：经验是出发点，它等同于感觉和观察，其他都不需要，而没有经验绝无知识可言；经验始于单个对象而非普遍概念，世界观建立在即时可证的事实上，而不是从永恒的概念中推演出来。主张这种观点的，英国有哲学家洛克、牛顿，法国有笛卡尔，意大利有伽利略。这些改变是渐进的、复杂的，但是深刻地影响了艺术理论，在18世纪形成了美学，更影响了哲学的其他方面。

洛克主张我们所有的知识源于感觉提供的简单概念，在头脑中形成复杂概念。洛克允许第二种概念来源，他称之为反思概念，存在于头脑中，而且头脑能记起来用于处理相应的简单概念。例如，我不仅能知道一种颜色，比如红色，而且还能记起来红色是怎样一种颜色。哈奇生基本上遵循知识来源于简单概念的原则，但是在如何形成复杂概念上不同于洛克。他主张：没有原初的简单概念，我不可能想起什么。但是针对简单概念，“我能想到”自己的第二概念，不是“红色是什么样的”那种与“红色”对应的概念。只有从“简单概念”和“我想到的处理简单概念的概念”这两种来源，才能产生经验和知识！哈奇生理论与过去的理论完全决裂！其结果是：根植我们头脑中的不是任何先天的概念！柏拉图的“绝对理念”从此退出！要得到处理简单概念的第二概念“凭能力自己想”。哈奇生的贡献在于自己“想出”：道德（morals）和美（beauty）这两个领域是概念的补充来源。它来源于感觉，也是概念。它作用于其他概念和概念综合，产生一种独特的、清晰的、异于原来简单概念的反应。

康德继承了哈奇生的思想，“头上的星空，心中的道德”其来有自。

艺术创作的核心就在于艺术家对简单概念提出自己独特的概念加以发展。建筑方案创作也是如此。构思相当于简单概念，建筑师“想”出自己的概念进一步发展，臻于完善、成熟。仅凭简单概念演化成形往往单调、苍白。建筑大师的作品多是在第二概念的引领下反复推敲出来的。建筑造型有品位，体型组合丰富，空间序列灵动，构图严谨，体现独特的建筑艺术美。节点、细部、表面肌理精致，比例优雅，尺度彰显品位。

哈奇生开启经验主义美学先河，摒弃柏拉图的“绝对理念”，但是没有为相对主义，即经验主义美学和理性主义美学相结合的现代美学做好准备，以至于历史大业留给康德。康德集前人美学研究之大成奠定了现代美学的哲学基础。18—19世纪形成一个庞大的理论体系，可惜研究重点、方法在哲学，对于艺术实践缺乏指导意义。19世纪末20世纪初，心理学发展成为独立分支，现象学、存在主义哲学发展，在此基础上美学转而研究不同的艺术形式，终于走向实际，形成批评的、形式主义美学。英国批评家贝尔（1881—1964）针对视觉艺术，包括建筑、绘画、雕塑，提出“美学激情”和“特征形式”的批判标准。他的理论的核心是：只有能引起美学激情的作品才是艺术作品才值得评判；只有从点、线、面，尤其是空间、色彩等形式元素和元素组合中创造“与众不同的形式”（significant forms），表现蕴含意趣的作品才能引起美学激情。创造与众不同的形式就是“含义赋形”。贝尔把现代美学中普遍接受的理念——美学激情、纯粹的感悟、忘我的投入，与批评的实践、批评的方式直接相联系，形成极其强大的理论力度和实践效果，在文学、美术、建筑、音乐界影响深远，巨大。

中国南朝齐梁时期画家、理论家谢赫著《古画品录》六法其中的两法，应物象形、随类赋彩，差可近之。中国画家面对山岳创造的各种皴法，大斧劈皴法、小斧劈皴法、米芾点……形神兼备地表现北方大山华岳、南国的细雨峰峦！墨竹画谱中提炼出画晴竹、雨竹、风竹的口诀："重人"晴竹"一川"风，雨竹原来叶写"分"。两个"人"字重叠是晴竹形态，"一川"两个字代表风竹。用"分"字表现竹叶被大大小小的雨滴打成东一片，西一片的形象。骨法用笔，气韵生动，形神兼备！构图即造型元素和元素组合的经营位置。总而言之，构形寓意，以形写神，是古今中外视觉艺术追求的境界。

建筑创作自古以来都有定式、法式。古希腊、罗马五种柱式、文艺复兴立面构图、帕拉第奥横向三段竖向五段经典构图、巴洛克风格巨大尺度的城市设计、现代主义几何构图、后现代主义的解构重构……老练的建筑师驾轻就熟，游刃有余。

贝尔把这些法式、定式称为一般形式。艺术家应该是激情创造者，而不是形式消费者。他从生活中，从自然中寻找源头，提炼特征形式。巴赫把简单的曲调、旋律改造成宏伟的交响乐，立体主义画家创作抽象绘画和雕塑，都是创造新的特征形式。建筑创作的核心也是创造特征形式。

如何创造形式？批评的形式主义美学中的"批评"回答了这个

问题——锤炼。海德格尔把存在实现的过程比作诗人写诗。从立意开始，措辞炼字，反复修改，直到成篇。贾岛的“鸟宿池边树，僧敲月下门”之推敲，为其做了很好的注释。晚唐诗人李群玉的《引水行》：“一条寒玉走秋泉，引出深萝洞口烟，十里暗流声不断，行人头上过潺湲。”这首诗描写乡间极其平常的竹筒引水景象，却是创意炼字俱佳的好诗。泉深水冽，竹筒碧绿，“寒玉”之喻妙极，走秋泉把引水的主题、时令、场景活现眼前。行人头上，暗声过潺湲。“暗”字，“过”字令人顿生余味。整首诗创造了特征形式，引发审美激情！这就是哈奇生说的，作者自己想出第二概念来锤炼，升华第一概念——构思的结果。

柯布西耶的朗香教堂，创意、锤炼、升华也是这个过程。创意是“教区的标志，山巅的圣殿”。教堂四面临空，当作抽象雕塑处理。墙面倾斜，有向上飞升的感觉。大出挑的屋顶曲面向上翻卷，与倾斜墙面相交处开大长缝，更加强了飞升感觉效果。为了界定教徒室外活动区域，墙面局部相应弯曲。为了创造阳光在教堂内四季晨昏的独特的光影效果，在墙上不同位置开大大小小的洞，光影效果、室内室外的造型都新颖独特。从规划布局到建筑造型，到光的运用，到色彩设计，柯布西耶把自己的才华，把“涵意赋形”的核心内容，表现得淋漓尽致，把批评的、形式主义的美学原则彰显无遗。国外建筑界赞誉柯布西耶为形式给予者，我宁愿称其为形式创作者。

我用哈奇生的简单概念和第二概念的经验主义美学理论，用批评的形式主义的美学原则分析一些建筑大师的作品，从中能够学到，更深刻地体会到以前理解不到的，视而不见、见而不察的内涵，在建筑方案创作实践中运用，确有成效。

理论归理论，法则归法则。建筑创作必须理论结合实践，不断提高建筑美学修养才能有所进步。在某种程度上可以说：修养的高度决定水平的高下。《醉翁亭记》："然而禽鸟知山林之乐，而不知人之乐；人知从太守游而乐，而不知太守之乐其乐也。醉能同其乐，醒能述以文者，太守也。太守谓谁？庐陵欧阳修也。"苏东坡"欲吊文章太守"，推崇备至。吾辈若能与太守"梦能随其乐，醒能成以图"者，则足矣！

2020年6月8日于上海

从棒棒糖说到POP艺术及其他

20世纪50年代初，二战结束不久的英国生活清苦，文化生活乏味。美国杂志《花花公子》《贵妇人》《老爷》大量涌入。这些出版物品位适众、广告繁多、照片色彩亮丽、老少咸宜、男女皆顾、大行其道，一时风风火火。美国人有一点很厉害，实践联系理论。请注意，不是我们常说的理论联系实践。英美哲学主流是经验主义，眼见为实。他们的艺术家、理论家很快悟解到大众文化与艺术之间，阳春白雪和下里巴人彼此总存在交集。正当其时的老爷、贵妇、少爷为代表的文化，形成新的流派和创作方向。从美国工业技术成就，随之涌现的大众商业艺术中汲取灵感。摒弃现代主义哲学教条、弃“高”就“低”，另辟蹊径成为主流。

1956年，画家汉密尔顿用印刷品剪接出一幅拼贴画，画的名称怪兮兮:《是什么让今天的家如此不同，如此吸引人？》当今的家异趣袭人”，细节都是从报纸杂志上剪贴的。注意这位泳装男士右手横持一个大棒棒糖（Lollypop），这种形状、尺寸，正好是美国中小学生校车停站时，安保人员示意来往车辆、行人停止、让道的标识牌，上写“STOP”。Lolly是英国俗语“糖块”，POP是流行之意。英国人好冷幽默，用棒棒糖做标识牌，用“流行”换“停止”，用一张拼贴画搞怪，口味变了！在艺术史上第一次用画中一个词代表一个非常重要的、全新的艺术运动。*(图31-1、图31-2)*

图31-1

图31-2

《是什么让今天的家如此不同，如此吸引人？》，理查德 · 汉密尔顿，1956年

图片来源：夏洛蒂和彼得 · 菲尔. 20世纪的设计[M].塔森出版社，1999:324.

说明：此图出自20世纪的设计。这幅拼贴画的作者汉密尔顿是POP-ART艺术的主将。他主张在当代艺术作品中直接嵌入过去的现在的艺术作品，只要得宜得当，可以收到事半功倍的奇效。这幅拼贴画即是一例。

汉密尔顿对这个名称的解释是：1.大众化面向尽可能多的受众；2.短期行为流行一时；3.消费得起，过了就忘；4.成本低，产量大；5.瞄准年青一代；6.取巧机敏；7.光鲜亮丽；8.最重要、大生意！汉密尔顿和他所在的团体“独立群”为POP下定义，把大众文化提升到严肃艺术学院派地位，从而为20世纪60年代蓬勃发展的POP设计奠定了深厚的理论基础。

自此以后，POP艺术逐渐成为资本主义社会文化和美学的代表。POP艺术家的作品，反映出对生活于其中那个时代的迷恋。而且要求观众、听众，接受他们的审美判断。POP艺术的普及与传播，为后现代主义的形成和成为主流做了充分准备。美国画家沃霍尔宣称：“总统喝可乐，泰勒喝可乐，他知道你也喝可乐，的确你也喝。可乐就是可乐，不管你花多少钱，你喝的可乐跟街边流浪汉喝的可乐完全一样，你喝的一点儿也不比他喝的好。所有的可乐都一样，所有的可乐都很好。泰勒知道、流浪汉知道、你也知道。”这是一种新的文化认同感。*（图31-3）*

麦当劳、肯德基、星巴克……都是同一类型的商业消费文化的产品，而且在其中植入了一种价值观，脱离了文化、艺术范畴，在美国甚至形成所谓“POP政治学”。沃霍尔一番言论说得再清楚不过，也是“实践与理论相结合”的注解。理论一定要针对实践、指导实践才有力量。理论如何指导实践是一门大学问，光说空话解决不了问题。POP的大流行不仅仅限于服装界、餐饮界，自改革开放以来的几十年，POPART引起中国建筑界的建筑理论发生了根本性的变化。

图31-3 **安迪·沃霍尔说：还没有评级**
图片来源：安迪·沃霍尔说。

任何事情皆有个度，过度则非。沃霍尔搞到后来，把超市货架上的几盒Brillo堆起来称作雕塑，立刻招来诟病。Brillo是注册商标，商品名叫钢丝绒刷，厨房中用来擦洗锅碗司空见惯的清洁用具。1964年，美国哲学家但特在美术馆看到沃霍尔的雕塑*Brillo Boxes*之后，迅即指出此类作品不仅是一位浸淫在新资本主义、大批量生产的产品和包装世界中的艺术家的代表作，也是艺术终结的代表。他认为没有任何一种历来迄今的艺术理论定义可以包容这类东西。它根本不是原创，它是超市货架上物品的原样复印，连摆放的方式都一样。它们不是艺术家亲手制作的。既然如此，为什么摆在美术馆里的盒子成了艺术品，摆在超市货架上的盒子不是艺术品呢？但特认定：所有艺术品必须有所表现，有所代表。这种代表不是它看上去像什么，而是指其所由形成的历史文脉。他想象一个美术馆满是不同历史时期画的完全一样的画作，它们尽管看上去完全一样，却代表不同的事件。而现在非艺术品也可以代表某种事情，而真正艺术品必须具备的另一项特质，是表达艺术家本人的愿望、渴求和理想。而且这些要通过隐喻才能表达于外。但特指斥这些The Brillo Boxes胆大妄为，缺乏操守，不管不顾，卖弄机灵。

在国外的批评界这些话语不可谓不重。很多人也秉承类似观点。可是毫无用处！后现代主义是彻底反对权威，是大规模的以社会之力去反对权威。它反的是历来的条条框框，而且真把它们反掉了，走向另一条道路。建筑设计界的状况也与之契合。因此，后现代是一个主义、一个思潮。至于解构主义，则是一种手法，并不是能与后现代画等号的“主义”，它是下一个层次的东西，是与POP同一级的内涵。这一点必须搞清楚，否则理不出头绪。POP也罢，解构也罢，还必须创作而且皆有佳作。不仅有佳作，甚至形成一套不同往昔的创作方法，叫作“规范置换”。把别的行业，甚至与自己本行业风马牛不相及的行业的规范、框架拿过来，换成本行业的术语，用于创新！至于The Brille Boxes的“拿来主义”则要小手腕，不入上流，却蔚为大观，原因就在于此。这就是现状。顺便说一下，浪漫主义也是反对古典主义、新古典主义的权威。它是精英们反权威，而不是社会反权威，性质大不一样。它与后现代主义不同，没有从理论上造反，理论界的主流，建筑创作再也不复当年模样！哲学家的话语权还是相当大的。

2016年8月23日于上海

手记三十二

高层建筑的传奇

高层建筑古来就有，哥特教堂最高的是德国乌尔姆市的教堂尖塔，162米高。而高层建筑则是一层一层叠上去的，每层都是实用空间。近现代意义的高层建筑起源于美国，美国的高层建筑起源于芝加哥。该市最早的高层建筑是砖石结构，有些小的建筑用钢，而真正采用钢框架结构的现代高层建筑，最先出现于纽约。到底哪个是第一幢，众说纷纭、不好确定。类似传说传得多而久者，转而述之，聊备一格。

19世纪20世纪之交，美国工业技术发展达到世界前列，对世界建筑界做出第一个贡献就是高层建筑。在此之前，从工法到风格都抄欧陆。文学、艺术莫不如此。“自惭形秽”名曰：“本能的丑陋冲动。”

按照美国人的说法，吉尔伯特发明了钢框架结构的高层建筑。他在回忆录中记述了创意是如何产生的，1887年春，曼哈顿开发商斯特思找到吉尔伯特，他在下百老汇大道与支路新街间有两块地，前面地块朝百老汇大道的宽度只有7米不到，整个地块嵌在其他地块中间，盖了房子也卖不出价钱。他找吉尔伯特想办法，解决不利之处，争取可观的收入。传统之法行不通，按市政府法规设计墙很厚，临百老汇一侧扣除墙厚只剩3米多一点的通道，而百老汇大道尺土寸金，不能实现价值。吉尔伯特花了整整6个月冥思苦索如何解决前面地块增值而又不违背市政府的建筑法规。某天突然来了灵感：把一个桥镖的钢桁架竖起来，一端着地！当时的建筑法规不限制基础高度，低于、高于人行道边多少都行。吉尔伯特利用这个法规漏洞，他想：为什么不能把基础做到地面以上七层、八层，变成楼面空间出租、出售，得到最大收益？为什么不率先做一个地面以上，超多层结构呢？他为此做了许多试验，确定这个概念可以保证安全，工程上也可行。纽约建设局总监道思奇（Doench）倒也通达，审阅之后认为可行，但是没有可依据的法律条规批准实施。吉尔伯特和业主斯特思为了拿到施工许可证与检测局官员进行艰难的谈判。

更令人挠头的是媒体。纽约报界风传吉尔伯特的摩天楼方案，编故事称其为妄想。消息不胫而走，传遍全国，几乎同声斥其不安全。报纸杂志记者甚至说，只要一阵风就能把吉尔伯特的楼刮倒。尽管吉尔伯特信心满满，这幢拔地而起50米的“摩天楼”方案，也确实把职业建筑师和庶民大众吓得不轻。吉尔伯特的一个助理工程师恳求他放弃“胆大包天”的计划，被他一怒之下扫地出门。这位助理不知是出于报复、出于责任心，抑或兼而有之，给业主斯特思写信警告说：吉尔伯特的楼一旦被风刮倒，他将承担不堪设想的法律后果。斯特思一收到这封信吓坏了，马上就要打退堂鼓。吉尔伯特还真不简单，详细地给业主说明工程细节和要领，使他相信没有必要担心。关键是他懂了吉尔伯特的设计，从地下室到屋顶，逐层加了斜撑，抗风效果极佳。吉尔伯特拍胸脯：“在每秒120米的风速下，结构一点问题也没有。再说，你总得相信谁吧！为了你的心态归于宁静，最好还是相信自己的建筑师。为了表明我对这幢楼的信心，我将把我的事务所放在百老汇大街一侧最高的两层。如果楼垮了，我随它而去！”斯特思大受感动，同意继续实施。

2016年8月30日于上海

略谈现代雕塑与建筑

立体主义是西方艺术从古希腊以来最具深远意义的流派之一。它创造了与自然主义全然不同的表现方法。它的核心在于创造性地组织构想的元素，而非从现实中感知的元素。现代雕塑基于立体主义发展的历程，深刻地影响着现代建筑。现代雕塑对现代建筑的影响分为两个方面：一是丰富建筑造型手段和表现手段；二是加强建筑内外空间环境互动，激活建筑室内外的穿透、流动，增强了空间的复杂性、趣味性，通过实空变化的表现手段，创造新形象。现代雕塑与现代建筑在20世纪初，都发生了质的变化。其根源都在于新的时空观。现代雕塑的起源一般认为是希腊古典雕塑、中世纪雕塑大师、米开朗琪罗、贝尼尼，接绪于罗丹。罗丹领导从19世纪到20世纪现代雕塑发展的初期。他处理空间、光线、形体的手法，深深地影响年轻的雕塑家，此后流派纷起、蔚为大观。虽然非写实主义雕塑由毕加索、马蒂斯引领，大踏步跨入空间时代，写实风格在20世纪初还延续了10多年。20世纪中期几乎完全是现代抽象雕塑的天下。

1506年1月14日，一个偶然的机会挖出了公元前50年的罗马群雕拉奥孔。此事惊动了教皇尤利乌斯二世，他派御用建筑师圣加洛前去发掘现场，后者邀请朋友米开朗琪罗同往。他们把洞室的缺口打开大一点，看见群雕当时已裂成4块。雕像刚移到外面，发现者佛瑞迪和米开朗琪罗大吃一惊，立即辨认出群雕表现的是祭师拉奥孔和两个儿子被巨蟒缠死前痛苦挣扎的情景。这件作品的动感和张力深深震动了米开朗琪罗：父子的身躯剧烈扭动，表现出令人震撼的内心力量，而这种力量并不是作者从外部加上去的。这与当时见到的，许多古代雕塑表现静态的手法完全不同。*（图33-1）*发掘时，拉奥孔父子的手臂都丢失了，由别的雕塑家做了复原，效果与米开朗琪罗的感觉相去甚远，他很不满意。发现拉奥孔群雕时，米开朗琪罗只有31岁，这一段经历极大地影响了他的创作生涯。从此以后，他的作品多表现静中之动，表现人内心的巨大张力。“大卫”“奴隶”“日”“月”以及他做的教堂天顶画“上帝创造世界”都是这一类作品。说也凑巧，450年后的1960年，拉奥孔父子群雕遗失的手臂被发掘出来，经鉴定确认，装回原先的主体。复原之前，整座群雕拆开，从各个角度拍照，此时才发现，当时复原时拟想的手臂比此次发现的手臂细弱，而且很程式化，造成千百年来对这个群雕不够重视，差评的种种判断都源于拙劣复原形成的低劣的构图。也只有最初发掘的见证者，当然包括米开朗琪罗才能真正认识到，遗失的手臂有多么重要！意义何等巨大！米开朗琪罗不愧是旷世奇才，他能感受到残雕的张力，是因为他自己内心充满巨大的能量。在文艺复兴时代为“人”的解放，从神权下恢复“人”的信心与尊严而做努力，与之产生共鸣。

图33-1 **《拉奥孔》群雕**

图片来源：王世巍.《拉奥孔》:古希腊雕塑艺术的叛逆者[J].岭南师范学院学报，2015,36（5）:70-73.

罗丹的时代，传统雕塑已经开始式微。他身为泰斗，要力挽狂澜于既倒，感到米开朗琪罗的张力欲效法之。与此同时，他向哥特建筑的雕塑寻找灵感。这些雕塑改变了人体比例，变得非常修长，从另一个维度去寻找、发掘张力。其作品“巴尔扎克”“加莱义民”都很好地说明了这两个特点。米开朗琪罗和罗丹在这方面的探索，为传统雕塑的发展、变化和现代雕塑的形成、萌芽开了先河。

20世纪初，科学界、艺术界，观念都有革命性的变化。对艺术家的影响最大者当数新的时空观，四维世界。毕加索要在二维空间的画中探索表现三维形象，要在浮雕中去表现更强体积感，总之要突破维度的限制，不可为而为之，要去表现更高维度的空间感，要在雕塑的表面做文章，制造两维平面上深邃的空间感。还有一派雕塑家用球、圆柱、立方体组合起来，加以变化，半抽象半具象地去表现人体。手法的改变，当然会带来效果的变化，形成新的派别。还有先锋派雕塑家着力表现速度和动感，表现变化过程，创造了全新的艺术形象。（图33-2）意大利雕刻家博乔尼的雕塑“空间中运动物体的形象”，把快速运动中的人的衣服切割成飘动的各式各样造型，组合起来表现速度感。这些造型为后来雕塑家的作品提供借鉴之源。他的“瓶子的形成”，解构一个玻璃瓶在形成过程中（也可以说是在破碎的过程中）分解成部分的集合形象。总体来看是一个雕塑，截取一部分看又是一部作品，开创了一种新的创作手法，打开一条全新的思路——原来过程也这么美，分开矛盾的两方面——破碎与完整——又将其表现为整合或解构的过程中，形成了不同以往的创作途径。（图33-3）

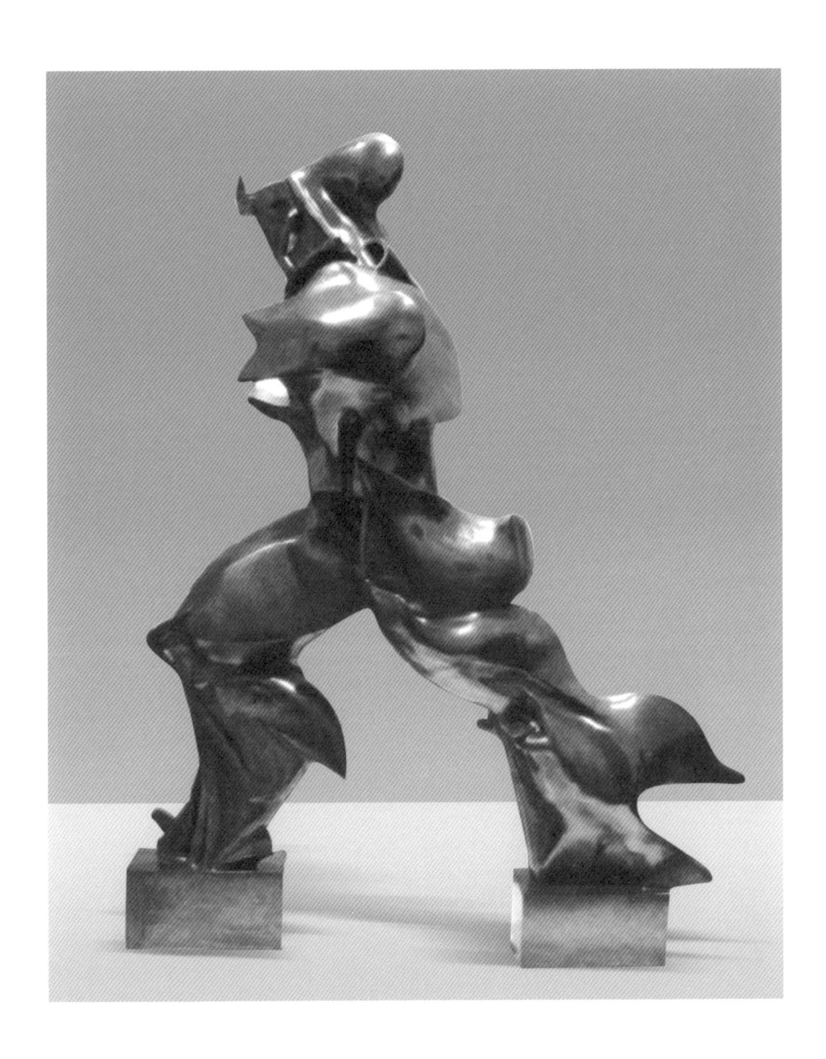

图33-2 **长矛骑士的冲锋**
图片来源：曹雄.谈雕塑与时间[J].美术大观,2019(3):70-72.

图片 33-3 **太空瓶的发展**

图片来源：马丁 · 坎普. 博乔尼的弹道学[J].《自然》，1998(391):751.

张力、古朴、运动、过程、矛盾的解析，解构与重构，这些都对现代建筑后来的发展产生了影响，在近几十年来尤为显著。柯布西耶的朗香教堂就是最典型的例子。墙面分成几块，形状、大小曲率各个不同。屋顶造型、采光塔形象各异，另是一个系统。这些构成要素解构开来。现代雕塑强烈的光影效果，对建筑也产生了很大的冲击。路互不连属，组合起来，成为建筑雕塑杰作。盖瑞的毕尔巴鄂古根海姆美术馆立面设计如出一辙。路易斯·康的作品用光来雕塑造建筑，独步天下。建筑构思是创作的主旨，用何种手法实现主旨是建筑设计的重点。在此之前的建筑设计手法是古典语言、哥特语言以及各种地方风格及其变化，而在引入雕塑语言之后，就形成了革命性的变化，这就是我们今天看到的现状。

2016年9月5日于北京

高层建筑的故事

组约的克莱斯勒大厦可谓命途多舛，毁誉交加，几岁一枯荣，顺逆几重生。自1930年建成之后起，背着装饰艺术的标志，建成之被人褒贬评说直到如今。人言可畏，众口铄金，更能消几番风雨。时至今日，美国建筑界和艺术评论圈几乎又说它是“美国最伟大的建筑之一”，甚至说如果票选的话，可能会当选“纽约最美建筑”！任何事情一走极端，尤其是在毁誉之间走极端，未必真就如此。很长一段时间内，业内和评论家比较一致的看法，认其为哗众取宠、装饰大而无当，更有甚者斥为低俗妖艳，华而不实，时髦的风格，水性杨花。评论变化无常早已司空见惯，不足为怪。平心而论，克莱斯勒中心是个中规中矩的作品。主体层层收进，是规划法规使然。去掉六个半环状金属装饰和尖塔，十足一个纽约20世纪30年代标准的高层建筑。致人诟病和招人喜爱的就是环状装饰，而那也的确是装饰艺术风格的杰出代表。本来是一种装饰风格，用到尺度如此之大的超高层建筑上，当然既新奇又陌生。迭招物议，其来有自也。此法并非主流，往往用来救急。(图34-1、图34-2、图34-3)

a | b

a 图34-1 **克莱斯勒大厦的塔尖**
b 图34-2 **门上精致的镶嵌物**
图片来源：约翰 · 朱利叶斯 · 诺里奇.《纽约》[M]. 纽约克诺夫出版社，269,271.

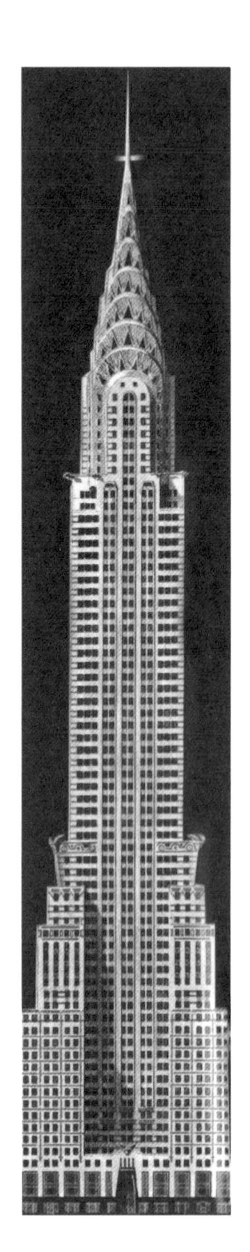

图34-3 **克莱斯勒大厦**

图片来源：约翰 · 朱利叶斯 · 诺里奇.《纽约》[M]. 纽约克诺夫出版社，271.

因为它加框，加轴线，制造重点，图案装饰，有时还施色彩，用灯光，非常出效果。偶一为之，顿生奇效。不过装饰艺术在建筑界，当时只流行了20年左右即退出舞台。20世纪30年代初，美国建筑还很古板。曼哈顿的建筑多为“新古典”、“老摩登”、哥特复兴式样，半老徐娘腔调，业界习以为常。蓦然一见克莱斯勒中心此类妖物，花枝招展，太不入眼，难免怪异之。

一般而言，单就比例、尺度、韵律、节奏而言，克莱斯勒中心是一件优秀作品，不是一般建筑师能达到的高度。但是说它是最伟大“之一”，纽约之“唯一”，则有过誉之嫌。因为它并非开宗立派，也未独辟蹊径。只是设计师功力深厚，手法老到，构思独特，借鉴得当，效果尚佳。不过的确有几分“俗气”。不说与周围老气横秋的氛围不入，而且装饰与主体自身之间的风格呼应也显另类。其设计师范·阿伦（1882—1954）有一次参加The Beaux Arts Ball的化妆年会（巴黎美术学为主导的建筑古典学派），身穿拟人化的克莱斯勒大厦的礼服，刻意把建筑主体装饰纹样改得更加装饰艺术化，与实景不同，聊遂心志，其情可感。1991年《建筑实录》杂志百年大庆特刊，评选世界百佳建筑，克莱斯勒大厦不仅入选，而且赫然位列第八！评语赞曰：“今年投票的结果，前六名作品都是低层建筑，高层建筑的重要性已经退居第二档次，而35年前，高层办公建筑则高居前列。1956年时，装饰艺术已是烟消云散，如今它的美学地位已经牢固地重新确立。既然如此，看到范·阿伦的克莱斯勒大厦位列榜单前列就不足为奇了。”这一大段评语颇有蛇足之嫌，编委还是有几分担心

“不公也”。35年前的评选是1956年，评语说当年装饰艺术烟消云散，暗示克莱斯勒大厦当年与时尚不合，名落孙山，今年高票入选，风水轮流转之谓也。

克莱斯勒（1875—1940），初进社会之时在一家铁路机械小厂当学徒，1925年成为克莱斯勒公司总裁。为了跟人争气，他要造一栋大厦，高度超过华尔华斯大厦，并超越埃菲尔铁塔成为世界第一高度。这栋大厦也出身寒微，本来的那家开发商支撑不下去，克莱斯勒半路接手过来，殊不知同时有另一幢在建大厦，也在追求这两个目标。这就是曼哈顿银行大厦，阿伦和该银行大厦的建筑师以前是合伙人，现在是死对头。就要看谁的楼高谁就赢。阿伦和克莱斯勒想出一招，在半圆装饰顶上加装170英尺的尖塔。在地上预制金属构件，再秘密吊到65层，装配好。在阿伦的对手以为赢之时，一天夜里用悬臂吊车，只用了一个半小时即吊装到位。大厦总高达1048英尺，比曼哈顿银行高出71英尺。大功告成。

2016年9月7日于上海

高层建筑的博弈

高层建筑自诞生以来，起两个作用：欲与天公试比高、供做标识、竞争老大地位；增加容积率，摊薄土地成本。这带来很多问题，其余不谈，至今令人不满的也未能解决的是高层建筑造型设计原则，一直困惑理论界、设计圈。说困惑也不准确，其实颠覆的是一种惯性思维：总有一种手法、风格，是高层建筑造型设计的主流。错就错在此处！自高层建筑一出，此中再无风格“霸主”！投资、规划条件、业主审美取向、建筑师创作途径等诸多因素决定建筑造型，形式服从功能，功能服从形式。无可无不可。正宗的“古典主义”“新古典主义”“哥特风”“装饰艺术”“现代主义”……行于斯、限于斯，再无霸主。新的“霸主”却在另一层意义上出现了“后现代主义”。高层建筑的发展演变，给建筑风格的嬗递更替、轮回、共存、剧变，下了最贴切的注解。

若把克莱斯勒大楼的主面图与帝国大厦的主面图并置，遮盖其顶部塔楼，比较建筑基座和主体部分，基本上没有大的区别。都是按规划要求在一定高度从四面退回，以减少对周围建筑，尤其是较低区的建筑和地面行人的压迫感，这种限制产生出来这种体型，克莱斯勒大厦在退台的压顶层做了些装饰艺术符号，聊胜于无，还算节制。（图35-1、图35-2）帝国大厦不施粉黛、素面朝天。人间望天上，谁会注意到这点些微差别。主要区别在顶部塔楼，两者差别有如异类。克莱斯勒总裁大人着力要表现，要为其汽车公司做广告。鼎鼎大名的半圆重叠，层层套叠的造型，像俄罗斯套娃。（图35-3）鸽尾形拱的主题，取自其某型轿车的轮毂装饰罩。构思出自他或是建筑师阿伦的奇思妙想，无从查考，总之是神来之笔。阿伦是巴黎美术学院建筑系高才生。他戴着拟形克莱斯勒大夏尖塔的“高帽子”出席学院的化装舞会，得意忘形。几十岁的人，状若小儿，以此度之，构思出于他的可能性大。不过这个构思的确给他带来世界性声誉。建筑学教授蒂默森说：“我们的建筑的确领先世界。我认为建筑当然表达这个年轻国家理想的手段。年轻就想建设。曼哈顿岛的建筑表达了美国人想要的东西。”他比阿伦更会戴高帽子。在这个轮毂罩塔顶内，有一位在世界最高处生活的人。克莱斯勒先生在塔尖为自己设计了一套公寓，透过三角窗户俯瞰曼哈顿开阔的景观。还有一个“云天会所”，此君在那里会见美国工业界巨子，室内装饰是纯粹装饰艺术风格，会见室有一幅纽约市风景的壁画，过足“君临天下”的瘾。（图35-4、图35-5）

图35-1、图35-2 **帝国大厦**

图片来源：约翰·朱利叶斯·诺里奇.《纽约》[M].
纽约克诺夫出版社，244.

图35-3 **克莱斯勒大厦的拟人化特征**
图片来源：约翰·朱利叶斯·诺里奇.《纽约》[M].纽约克诺夫出版社，246,267.

图35-4 豪华的复式公寓

图35-5

云俱乐部是美国工业巨头的会议室

图片来源：约翰 · 朱利叶斯 · 诺里奇.《纽约》[M]. 纽约克诺夫出版社，267.

世界最高处居者也罢，君临天下称雄也罢，他只过了几个月的瘾，就梦碎帝国大厦。1929年8月29日，前纽约州州长史密斯，时任帝国大厦管理公司总裁，向外界宣布该项目启动！美国每个州都有一个别号，纽约州号称帝国州，史密斯绰号“快乐斗士”，以州号命名一座摩天楼不同凡响。帝国大厦高1250英尺（1英尺为0.3048米，合381米），高出克莱斯勒大厦202英尺。史密斯斗士快活得无限风光（图35-3）。其实真正的主人在后面，通用汽车公司副总裁拉斯科夫，他要打压克莱斯勒公司和克莱斯勒大厦的势头。但是其做法与后者大异其趣，除了争高度世界第一目标相同之外，帝国大厦是形式服从功能，工程技术决定建造速度，顶部塔楼服从经营目标。大厦原来的方案一素到底，除了体块毫无装饰，虽未完全采用，但是实施方案与之相去不远。大厦主体施工速度每周4层半，因为是在经济大萧条期间施工，人工、材料、设备等等几乎样样底价中标，完成时只用了4100万美元，比预算的6000万美元省了几乎三分之一，简直不可思议！多、快、好，省不省难说，但是质量绝对好。1945年7月28日，一个也姓史密斯的家伙驾驶一架B-25轰炸机，鬼使神差地穿云过雾，在允许的最低飞行高度一半都不到的1148英尺上以300公里时速，在曼哈顿高层建筑群中穿梭。上午9:52刚避开赫尔姆斯利大楼，却迎面撞在帝国大厦79层。飞机的一个发动机穿透楼层，飞出去，落下来砸在后面33街。悲剧造成14人死亡，26人受伤，帝国大厦却安然屹立，质量不可谓不好。

原方案设有屋顶塔楼，拉斯科夫巡视顶层楼面时突发奇想，对建筑师兰博大叫一声：“这幢大楼需要一顶帽子！”他也许是受克莱斯勒大厦的刺激和启发。不过这老兄是个“经济动物”，帽子也要挣钱！刚开始是做飞艇码头，当时齐柏林驾飞艇横跨大西洋后，飞艇被说成是未来主要的交通工具。飞艇靠港时被拴在塔尖的柱上，乘客每班40名，在第102层下艇到休息厅，再由休息厅电梯下到86层观光层。飞艇还真试飞了几个来回，在高层建筑间来去真危险。德国的飞艇爆炸之后，此案胎死腹中。后来塔顶又加了无线电、电视、通讯塔。86层观光平台成了摇钱树，墨索里尼、丘吉尔、卡斯特罗、赫鲁晓夫、阿拉伯酋长都光临过。观光平台平均每天接待35,000名观光者，是一笔可观的收入。尤其在开业初期，经济萧条，这些银子不无小补。克莱斯勒大厦与帝国大厦造型手段不同，却均为建筑史上的名作。前者在学界名气更大，后者获益颇丰。各擅其道，不分轩辕。其实高层建筑因其高度、体量，不会丑到哪里去。康德的美之三类：趣味、美、崇高，至少占其一，三者皆占当然更好。无论哪种风格都产生了杰作。历史已经证明不必再去纠结哪种风格最为上乘。倒是从规划和城市设计角度考虑高层建筑却是更为迫切的问题。高层建筑从两个方面影响城市形象：一是天际线；二是赋予城市形象的品位和神韵。后者尤为重要！这两个方面都要求高层建筑选址得当，与周围自然景观、人文景观，尤其是与周围已建成或以后可能建设的建筑之间的空间关系。里约奥运会开幕式，邦辰一步三摇、顾盼生风，靠的也是一个大舞台，高层建筑何尝不是如此？几十个邦辰挤在一堆，再美也只是一个健美操表演。我们有的城市一堆高层建筑挤在一起，再好又能好到哪里去？

2016年9月9日于上海

后记

这本小书从落笔到现在将近十年，中间碰到一个大难题：至今尚无普遍认可的建筑理论，就连哲学界、美学界也没有一个普遍接受的美学定义，说不清楚什么是美学的哲学定义，转而讨论艺术。又从艺术是什么，转到认定什么是艺术，最后的定义是：艺术界认可的，大众接受的作品，就是艺术品。维特根斯坦说这是自定的“游戏规则”！受他这种说法的启发，我也来个自定规则自己玩，中止5年左右的写作又重新开始，毫不犹豫来个强词陈理，自圆其说。直接从建筑艺术再入手，从环境、场景、意境三者之间的关系来考虑建筑创作手法，不是立面而是从层面、界面入手，不是从二维界面入手，而从空间界面，即三维界面划分层面，重新加以组织，丰富层次增加空间深度感，拓宽思路，丰富创造性和艺术性。

风格不过是建筑创作的格式，所谓建筑立面在图纸上不过是一个二维符号，天长日久沉淀了一些意义，后来变成了某种象征，再后来成为格式与标准做法。这是风格普遍的一层含义。再深一层次探索发现，立面也可以是建筑物表面与其周围环境的空间界面和层面，形式可以多种多样丰富多彩，各层面之间还可以有不同的组合方式。由立面到空间层面，到层面组合，思路一旦打开，手段就丰富了，风格也多样化了。中国古典诗词中描写的空间层面组合形式又启发我想到建筑场景与意境的关系，进而想到风格不过是表达意境、场景的“游戏规则”——“格律”，格式而已，可以借鉴，可以自创。自创尤为珍贵！

明代诗人陈献章一首七绝：

落日平原散鸟群，

西风爽气动秋旻。

江边老树身如铁，

独立槎牙一欠伸。

把空间层次划分、组合，描述得非常精彩，意境灵动。

把夏末秋初傍晚晴空落日、平原、鸟群三个空间层面描写得栩栩如生，把江边老树遇西风欠伸的动态组合起来，成为一个完整的画面。建筑的空间界面设计就是意境与场景的关系。

王国维说："云破月来花弄影"，着一"弄"字意境全出。

天安门和金水河、金水桥及两座华表把天安门广场追求的意境、灵动表现出来。

诗词中的意境和建筑创作中的内涵相通。所谓建筑是不是艺术的问题，应该换一个问法：建筑师是艺术家吗？ 建筑师赋予建筑设计以审美价值，他的建筑作品就有可能被公众认可为艺术品。什么是审美价值？就是建筑作品中形体和空间蕴含的意境、美感，公众感悟出来的意蕴和美感，就是努力创造significant forms。

就是"语不惊人死不休，形不感人誓不休"！

肖世荣

2023年7月1日